建筑工程设计与项目管理

梁德森　著

中国建材工业出版社
北　京

图书在版编目（CIP）数据

建筑工程设计与项目管理/梁德森著．--北京：
中国建材工业出版社，2023.12
ISBN 978-7-5160-3982-3

Ⅰ．①建… Ⅱ．①梁… Ⅲ．①建筑设计②建筑工程－
工程项目管理 Ⅳ．①TU2②TU71

中国国家版本馆 CIP 数据核字（2023）第 247347 号

建筑工程设计与项目管理
Jianzhu Gongcheng Sheji yu Xiangmu Guanli
梁德森　**著**

出版发行：中国建材工业出版社
地　　址：北京市海淀区三里河路 1 号
邮　　编：100044
经　　销：全国各地新华书店
印　　刷：北京传奇佳彩数码印刷有限公司
开　　本：787mm×1092mm　1/16
印　　张：9.75
字　　数：129 千字
版　　次：2024 年 5 月第 1 版
印　　次：2024 年 5 月第 1 次
定　　价：59.80 元

本社网址：www.jccbs.com，微信公众号：zgjcgycbs

前 言

我国经济的快速发展推动了城市建筑的持续创新，随着新型城市化与城镇化的出现，现代建筑设计理念也在发生着质的转变，建筑设计思路变得更加开阔，设计理念更加创新，设计方向朝着多元化发展，而建筑设计新理念的提出，要求我们要用发展的眼光去看待和接受新的设计理念，变革对建筑设计的认知。

同时，人们对居住环境的要求不断提高，也在一定程度上大大提升了建筑工程设计与项目管理的难度，而建筑工程设计与项目管理需要根据建设工程的要求，对建设工程所需的技术、经济、资源环境等条件，进行综合分析、论证。因此，相关行业从业人员需要不断提高自身建筑工程的设计与项目管理水平，以此来迎接时代发展带来的挑战。

基于此，本书就建筑工程设计与项目管理展开了研究。全书内容包括建筑工程设计概述、建筑工程环境性设计、建筑工程的功能性设计、建筑工程结构设计、建筑工程项目设计管理、建筑工程项目设计目标控制、建筑工程项目实施阶段设计单位的作用、建筑工程项目设计回访总结。本书文字表述通俗易懂，内容针对性强，适合建筑工程设计与项目管理相关从业人员学习和阅读。

在本书的撰写过程中，参阅、借鉴和引用了国内外许多同行的观点和成果，各位同仁的研究奠定了本书的学术基础，在此一并感谢。另外，受水平和时间所限，书中难免有疏漏和不当之处，敬请读者批评指正。

目 录

第一章　建筑工程设计概述

第一节　建筑工程与建筑工程勘察设计的内涵

一、建设工程设计

（一）建设工程设计的概念

建设工程设计是根据建设工程的要求，对建设工程所需的技术、经济、资源环境等条件，进行综合分析、论证、编制建设工程设计文件的活动。

（二）建设工程设计的原则

（1）遵守国家的法律、法规，贯彻执行国家经济建设的方针、政策和基本建设程序，特别应贯彻确保质量、提高经济效益和促进技术进步的方针。

（2）从全局出发，正确处理工业与农业、工业内部、沿海与内地、城市与乡村，远期与近期、平时与战时、技改与新建、生产与生活、安全质量与经济效益方面的关系。

（3）根据国家有关规定和工程的不同性质、不同要求，从我国实际情况出发，合理确定设计标准。对生产工艺、主要设备和主体工程要做到先进，适用、可靠；对非生产性的建设，应坚持适用、经济、在可能条件下注意美观的原则。

（4）实行资源的综合利用。根据国家需要、技术可能和经济合理的原则，充分考虑矿产能源、水、农、林、牧、渔等资源的综合利用。

（5）节约能源。在工业建设项目设计中，要选用耗能少的生产工艺和设备；在民用建设项目中，也要采取节约能源的措施。要提倡区域性供热，重视余热利用。

（6）保护环境。设计时，应积极改进工艺方案，采用行之有效的技术措施，防止粉尘、毒物、废气、废水、废渣、噪声、放射性物质及其他有害因素对环境的污染，并进行综合治理和利用，使设计符合国家规定的标准。

（7）注意专业化和协作。建设项目应根据专业化和协作的原则进行建设，其辅助生产设施、公用设施、运输设施以及生活福利设施等。都尽可能同邻近有关单位协作解决。

（8）节约用地。一切工程建设都必须因地制宜，提高土地利用率。建设项目的场地应尽量利用荒地、劣地，不占或少占耕地。总平面布置要紧凑合理。

（9）合理使用劳动力。设计中要合理选择工艺流程、设备、线路，合理组织人流、物流、合理确定生产和非生产定员。

（10）立足于自力更生。引进国外先进技术必须符合我国情，着眼于提高国内技术水平和制造能力。凡引进技术、进口关键设备能满足需要的，就不应引进成套项目；凡能自行设计或合作设计的，就不应该委托或单独依靠国外设计。

（三）建设工程设计的依据

建设项目的设计任务书经批准后，是编制设计文件的主要依据。

设计任务书一般包括以下主要内容：

（1）根据经济预测、市场预测确定项目建设规模和产品方案。

（2）资源、原材料、燃料及公用设施落实情况。

（3）建厂条件和厂址方案。

（4）技术工艺、主要设备选型、建设标准和相应的技术经济指标。

（5）主要单项工程、公用辅助设施、协作配套工程的构成，全厂布置方案和土建工程量估算。

(6) 环境保护、城市规划、防震、防洪、防空、文物保护等要求和采取的相应措施方案。

(7) 企业组织、劳动定员和人员培训设想。

(8) 建设工期和实施进度。

(9) 投资估算和资金筹措。

(10) 经济效果和社会效益。

小型工业项目和非工业项目设计任务书的内容可适当简化，一般由有关部门和地区自行规定。

设计依据除批准的设计任务书或上一阶段的设计文件，还包括技术经济协议文件；国家，规定的设计标准、技术规范、规程和定额：以及勘察资料、需要经过研取得的技术资料等。

(四) 建设工程设计的任务和作用

1. 设计的根本任务是把计划与理想变成现实蓝图

设计是工程建设中的一个关键的环节，是基本建设程序中必不可少的一个重要组成部分。在规划、厂址的可行性研究等已定的情况下，它是项目建设中一个决定性的环节。

一个建设项目，资源利用是否合理，厂区总图布置是否紧凑、适度，设备选型是否得当，技术、工艺、流程是否先进、合理，生产组织是否科学、严谨，能否以较少的投资取得效益多的综合效果，在很大程度上取决于设计质量的好坏和水平的高低。设计对建设项目在建设过程中能否节约投资，在建成投产以后能否充分发挥生产能力和取得最大的综合效益起着举足轻重的作用。

2. 设计是建设实施的前提和依据

根据可行性研究报告规定的内容所进行的设计工作，是建设项目进入实施阶段的主要技术准备工作。它与可行性研究既有联系又有区别。

(1) 所处的时间和阶段不同

从时间角度来看可行性研究在前，而设计在后。从项目在整个形成过程中所处的阶段来看。可行性研究是处于项目的研究或立项的阶段，而设计则是处于项目实施前的准备阶段。

(2) 任务和功能不同

可行性研究的根本任务是研究、考察和探索所设想或拟议中的建设项目，在技术、经济、政策和法律等方面能否成立，所以说，它具有一种“鉴别”的功能。从研究的结果来看，能够成立或不能成立这两种可能都同时存在；而设计的根本任务则是在建设项目能够成立的前提下，根据已经批准的可行性研究报告和评估意见的要求，把项目的计划变为实施蓝图，使项目的构想成为现实的具体实施方案，所以说，它具有一种“转换”的功能。

(3) 在建设和管理中的作用不同

从项目建设和项目管理的角度看，可行性研究和设计的作用是大不相同的。从我国有关的现行规定来看，经有关主管部门批准的可行性研究（包括其评估意见或评估报告）是设计的依据；而设计是安排项目建设和施工的依据。

二、建设工程勘察设计工作基本要求

(一) 勘察设计在工程建设中的地位和作用

在工程建设过程中，勘察设计、施工安装与材料设备的生产供应是质量控制的主要环节，而勘察设计又是关键环节，勘察设计质量不好，使工程质量先天不足，后天很难弥补，因此抓工程质量首先要抓勘察设计质量。

勘察设计工作，勘察是先行，是设计的依据，设计是整个工程建设的灵魂，是施工的依据。结构形式和结构体系是设计的基础，结构方案是否安全合理、切实可行；从根本上决定了工程是否安全可靠、便于施工。我国工程质量事故统计资料证明，由于设计不合理、违反科学引起的房屋倒毁、路基沉陷、桥梁垮塌等质量事故要占总事故量的相当比例，大凡设计造成的质量问题往往是恶性的。勘察设计的质量和水平对保证工程质量、保障国家财产和人身安全、促进技术进步、提高工程效益起决定性作用。

（二）建设工程勘察设计的程序

任何项目的建设都必须坚持先勘察、后设计、再施工的程序，而勘察设计阶段又有自己特定的程序。

工程勘察一般步骤和程序大体是：搜集相关资料，现场踏勘，编制勘察纲要，出工前准备，野外调查，测绘、勘察、试验和分析资料，编制图件和报告等。

设计工作是一个逐步深入和循序渐进的过程，其一般程序可分为四个步骤：即根据主管部门或建设单位委托，进行建设项目可行性研究、编制可行性研究报告，参加建设场地的选择。建设规划和试验研究等前期工作，对有些重大项目，如大型厂矿、大型水利枢纽，水电站，跨省区铁路干线等，进行必要的资源普查、工程地质勘察、水文勘察等方面的准备工作，掌握情况，搜集有关的设计基础资料，为编制设计文件做好必要的准备；由浅入深，循序渐进，编制初步设计和施工图设计，或者根据需要进行初步设计、技术设计和施工图设计的三个阶段的设计工作；配合施工和参加竣工验收工作、监督工程建设、为施工服务、参加有建设单位、施工单位等参加的工程竣工验收；做好与设计有关的全部建设项目的工程文件、资料的清理和归档工作。

（三）工程设计分类

各个部门的工程设计涉及的范围很广，一般按不同的情况进行分类，如：

（1）按建设项目的不同类别分为交通工程设计，矿山工程设计，工厂工程设计，机电产品或其他产品设计等工程设计。

（2）按产品品种可分为煤炭、钢铁、有色金属、化工产品、石油、水泥、机械制造、机车、汽车等工程设计。

（3）按建设性质可分为新建工程设计和改扩建工程设计。

（4）按建设规模不同，根据有关规定可分为大型、中型、小型工程设计。

（5）按工程项目组成内容不同，可分为联合企业设计和单一工程设计。如大型钢铁公司联合企业包括采矿、选矿、炼铁、炼钢、轧钢、炼焦、化学工业等组成部分，而某采矿厂、某炼铁厂则为单一工程设计。

（6）按服务性质不同又可分为生产性工程设计和非生产性工程设计。工交工程设计为生产性工程设计。在建筑工程设计中，如工业厂房、公路桥梁等工业建筑工程是为生产服务的则为生产性工程设计，而住宅、俱乐部等民用建筑是为人民生活服务的则为非生产性工程设计。

第二节　建筑工程设计单位的职责与岗位要求

一、设计单位资质等级和标准

《建设工程勘察设计管理条例》规定，国家对从事建设工程勘察设计活动的单位实行资质管理制度。

（一）设计单位的工作内容

因工作需要，构成设计单位主体力量的是设计人员，一般占总人数的70%～80%。设计单位的主要工作包括以下内容。

（1）承担或参加工程项目建设前期工作。根据主管部门或有关单位的委托编制项目建议书，进行可行性研究，进行建设地点选择，进行工程设计所需的科学试验和编制项目的设计文件等。

（2）按上级下达的设计任务或有关单位的委托合同和有关设计技术经济协议、设计标准和规范进行建设工程项目的设计，按上级或合同规定进度准时提交设计文件、设计图纸、设计概算或修正概算，主要设备和材料清单。

（3）建设工程进入施工阶段时，积极配合施工。负责交代设计意图、解释设计文件，及时解决施工中设计出现的问题。对大中型建设项目和大型复杂的民用工程，在施工时应派驻现场设计代表，并参加隐蔽工程验收。

（4）参加试运转，投料生产竣工验收以及进行工程总结等。随着设计深化改革，设计单位的任务已向“一业为主，两头延伸，多种经营”的方向发展；以“机构企业化，技术商品化，经营多样化”为目标前进。

（二）资质等级及分级标准

建筑工程设计资质分为甲、乙、丙三个级别。

1. 甲级

（1）从事建筑设计业务六年以上，独立承担过不少于五项工程等级为一级或特级的工程项目设计并已建成，无设计质量事故。

（2）单位有较好的社会信誉并有相适应的经济实力，工商注册资本不少于100万元。

（3）单位专职技术骨干中建筑、结构和其他专业人员不少于8人、10人、10人；其中一级注册建筑师不少于3人，一级注册结构工程师不少于4人。

（4）获得过近四届省级建设行政主管部门评优及以上级别评优的优秀建筑设计三等奖及以上奖项不少于3项，参加过国家或地方建筑工程设计标准、规范及标准设计图集的编制工作或行业的业务建设工作。

（5）推行全面质量管理，有完善的质量保证体系，技术、经营、人事、财务、档案等管理制度健全。

（6）达到国家建设行政主管部门规定的技术装备及应用水平考核标准。

（7）有固定的工作场所，建筑面积不少于专职技术骨干每人15m^2。

2. 乙级

（1）从事建筑设计业务四年以上，独立承担过不少于三项工程等级为二级及以上的工程项目设计并已建成，无设计质量事故。

（2）单位有社会信誉以及相适应的经济实力，工商注册资本不少于50万元。

（3）单位专职技术骨干中建筑、结构和其他专业人员各不少于

6人、8人、8人；其中一级注册建筑师不少于1人，一级注册结构工程师不少于2人。

（4）曾获得过市级建设行政主管部门评优及以上级别评优的优秀建筑设计三等奖及以上奖项不少于2项。

（5）有健全的技术、质量、经营、人事、财务、档案等管理制度。

（6）达到国家建设行政主管部门规定的技术装备及应用水平考核标准。

（7）有固定的工作场所，建筑面积不少于专职技术骨干每人15m²。

3. 丙级

（1）从事建筑设计业务三个以上，独立承担过不少于三项工程等级为三级及以上的工程项目设计并已建成。无设计质量事故。

（2）单位有社会信誉以及必要的经营资本，工商注册资本不少于20万元。

（3）单位专职技术骨干人数不少于12人；其中二级注册建筑师不少于3人（或一级注册建筑师不少于1人），二级注册结构工程师不少于5人（或一级注册结构工程师不少于2人）。

（4）有必要的技术、质量、经营、人事、财务、档案等管理制度。

（5）计算机数量达到专职技术骨干每人一台，计算机施工图出图率不低于85%。

（6）有固定的工作场所，建筑面积不少于专职技术骨干每人15m²。

（三）承担任务范围

各级别设计单位承担任务范围如下。

1. 甲级

承担建筑工程设计项目的范围不受限制。

2. 乙级

（1）民用建筑：承担工程等级为二级及以下的民用建筑设计项目。

（2）工业建筑：跨度不超过30m，吊车吨位不超过30t的单层厂房和仓库，跨度不超12m，6层及以下的多层厂房和仓库。

（3）构筑物：高度低于15m的烟囱，容量小于100m^{3}的水塔，容量小于2000m^{3}的水池，直径小于12m或边长小于9m的料仓。

3. 丙级

（1）民用建筑：承担工程等级为三级的民用建筑设计项目。

（2）工业建筑：跨度不超过24m、吊车吨位不超过10t的单层厂房和仓库，跨度不超6m，楼盖无动载荷的3层及以下的多层厂房和仓库。

（3）构筑物：高度低于30m的烟囱，容量小于80m^{3}的水塔，容量小于500m^{3}水池，直径小于9m或边长小于6m的料仓。

二、建筑设计单位的专业划分和设置

建筑设计单位的基本生产部门是设计专业室，设计专业室由那些专业组成视具体情况确定，通常设置七个专业，现分述如下。

（一）建筑专业

（1）在确定建筑设计原则和标准的基础上，确定建筑方案，编制建筑特征表，必要时绘制建筑透视图。

（2）确定建筑物的柱网，层高和通道，绘制建筑平面图和建筑首页图等。

（3）编制请购文件，配合有关专业和部门的工作。

（二）结构专业

（1）工程项目设计各阶段的全部结构和设备基础，及基础的设计工作。负责大型设备的支架和操作台的设计。

（2）提出基础和地基处理方案。

（3）提出结构特征表。

（4）绘制结构布置图，进行主要结构的计算，确定主梁截面尺寸等，最后完成结构工程设计图。

（5）参与确定大型设备吊装及安全方案。

（6）编制请购文件，配合有关专业和部门的工作。

（三）给排水专业

（1）承担取水、净水、输配水、排水、污水处理（生化处理）以及循环水工程的主导设计。

（2）室内给排水及生活热水供应设计（不包括工艺装置的给排水）。

（3）室内外水消防设计。

（4）防洪工程设计。

（5）负责确定给排水设计的工艺流程、设备选型、设备布置，以及管道布置图设计工作。

（6）编制请购文件，配合有关专业和部门的工作。

（四）采暖通风专业

（1）承担通风、除尘、净化和超净化以及空调工程的主导设计。

（2）承担采暖、生活区取暖供热站及锅炉房的主导设计。

（3）空调工程或冷库工程专用冷冻站设计。

（4）负责确定采暖和通风设计的工艺流程、设备选型、设备布置及管道布置图的设计工作。

（5）编制请购文件，配合有关专业和部门的工作。

（五）电气专业

（1）自备热电站电气部分的设计。

（2）总变电所、高压配电所的主导设计和厂区供电线路设计。

（3）装置变电所、高压配电室的主导设计和动力线路设计。

（4）电气设备的选择和控制保护设计。

（5）生产设备的电加热、阳极保护、电点火、电除尘等的设计。

（6）照明设计。

（7）电修车间主导设计。

（8）事故电源、UPS 电源设计。

（9）提出请购文件，配合有关专业和部门的工作。

（六）电讯专业

（1）有线、无线通讯，装置、工区通讯，对讲电话设计。

（2）广播系统、工业电视和电缆电视系统设计。

（3）火警系统设计。

（4）提出请购文件，配合有关专业和部门的工作。

（七）建筑经济专业

（1）估算师负责项目估算工作。

（2）负责编制报价估算、初期控制估算、批准的控制估算、首次核定估算和二次核定估算。

（3）经常分析整理各类竣工项目的估算资料，积累和更新有关费用的各种系数、比率、曲线图表等项目历史数据，以丰富和完善编制费用估算所需的数据库。

（4）配合有关专业和部门的工作。

三、建筑工程设计工作各岗位职责和任务

（一）项目负责人

1. 项目负责人的主要职责

（1）项目负责人负责组织、指导和协调该项目的设计工作。

（2）项目负责人承担履行合同的全部责任，并直接与用户进行联系。

（3）项目负责应向设计负责人汇报工作，确保设计工作按项目合同的要求组织实施（包括进度、费用和质量）。

2. 项目负责人的主要任务

（1）熟悉合同及其附件所确定的工作范围，明确设计分工，按照项目工作分解结构进行设计工作分解。并提出设计工作任务清单。

（2）与各专业室商定各专业负责人，并组织编制各专业人工时预算。

（3）组织审查开展工程设计所必需的文件和基础资料，主要包括：

①设计依据（包括已批准的计划任务书、项目可行性研究报告和厂址选择报告等）。

②用户提供的工程地质、水文地质勘察报告、气象、厂区地形测量图等设计所需的项目基础资料。

③用户提供有关协作协议文件（包括城建、环保、交通运输、供电、给排水、供热、机电维修、通讯、主要原材料和燃料等）。

（4）编制初步的项目设计进度计划，会同项目进度计划工程师制定主装置进度计划。

（5）编制项目设计计划。

（6）会同项目进度计划工程师编制项目进度计划（包括装置设计进度计划、装置专业设计详细进度计划等）。

（7）组织各专业确定设计标准、规范、工程设计规定和重大设计原则。

（8）主持召开设计开工会议，并作开工报告，提出设计指导思想、依据、原则、规范、分工、进度、内外协作关系及其他要求，把各项任务分别落实到各设计专业负责人。

如果设计开工会议和项目开工会议同时举行，则应将设计开工会议的内容列入项目开工会议的议程中。

（9）审核和批准有关的设计文件以及需要用户批准或认可的所有设计文件，并促使用户及时批准这些文件。

（10）负责处理用户、专利商及设计协作单位的有关函电，并督促各专业及时答复。

（11）组织有关专业研究和确定工程重要技术方案，特别是综合性技术方案，以及节能、环保，安全卫生和各专业的设计条件衔接等。

（12）协同项目进度计划工程师、费用控制工程师、材料控制工程师和估算师协调和处理设计工作中出现的涉及项目控制方面的问题。

（13）组织编制并审定完整的设备清单和设备、材料的请购文件。

（14）主持设计过程中的各项重要会议，以保证设计质量和进度。

（15）定期召开设计计划执行情况检查会，检查和分析设计中存在的主要问题，研究解决办法，并及时向项目经理、设计部及有关部门报告。

（16）组织处理与设计有关的项目变更和用户变更。

（17）组织设计文件的汇总、入库和分发。

（18）工程设计结束后，组织整理和归档有关的工程档案，并编写工程设计完工报告。

（19）项目施工阶段，组织设计交底，派遣项目设计代表，审查设计修改。

（20）组织各专业做好项目设计总结。

（二）专业负责人

1. 专业负责人的主要职责

（1）专业负责人在项目负责人和专业室的双重领导下，对项目实施中本专业的设计工作及其进度、费用（人工时）和质量负责。

（2）专业负责人通常由专业工程师（专业设计审核人）担任。

2. 专业负责人的主要任务

（1）协助项目负责人拟定设计合同附件，组织本专业人员开展调研工作，收集项目基础资料，落实设计条件，明确设计工作范围，编制工程设计规定，估算设计工作量（人工时），落实设计进度，提供本专业人力负荷表，代表本专业确认设计进度计划。

（2）组织本专业人员核实装置设计进度计，落实关键技术问题，做好技术经济比较，并在此基础上编制专业设计详细进度计划和设计工作包进度计划。

（3）组织编制本专业询价技术文件，参加报价技术评审和配合采购工作。

（4）参加有关专业的技术方案讨论。

（5）严格执行质量体系文件，按质量保证程序的规定审核本专业的设计文件、提出的设计条件及设计成品。

（6）代表本专业参加设计文件的汇签和设计交底，注意与其他专业的衔接和协调关系。

(7) 组织对本专业的设计成品、基础资料、计算书、调研报告、文件、函电、设计条件、设计变更、设计总结等文件的整理和归档，参加编制设计完工报告，并检查设计成品是否完整。

(8) 参加设计回访，编写本专业的工程总结和技术总结。

(三) 设计人员

1. 设计人员的主要职责

(1) 在项目设计组内专业负责人和设计室双重领导下，承担具体的项目设计任务，对设计质量和进度负责，并参与工程投资和设计费用的控制。

(2) 根据设计要求，精心设计，保证质量，节约投资和费用开支，按时完成任务。

2. 设计人员的主要任务

(1) 根据设计开工报告和设计任务的要求，安排好个人作业计划。认真调查研究并收集有关于资料，吸取国内外生产实践经验和科研成果，进行方案比较和技术经济分析。

(2) 在具体的设计工作中，应使设计符合生产、操作、安全、维修、制造和施工安装等方面的要求。

(3) 认真贯彻执行有关标准、规范和设计规定，正确应用基础资料和设计数据、选用正确的计算方法、计算公式和电算程序等。切实做好设计计算工作。要按公司规定的要求编制技术文件，制图比例适当，视图投影正确，图面清晰，尺寸、数字、坐标、标高、符号及图例正确无误，文字叙述通顺、简练、确切，字迹端正。

(4) 认真做好文件的自校以及描图和打字后的校对工作。设计文件经核审后，认真进行修改并签署。

(5) 与有关专业密切配合，认真核查接受的设计条件，根据设计条件的要求进行设计，供给外专业的设计条件要正确、完整、清晰，经核审人签署后按时提出。

(6) 做好设计成品、计算书、说明书的整理、入库和归档工作。

（7）编制请购文件和配合采购工作。

（8）认真处理在采购、施工过程中出现的有关设计问题，必要时参加设备采购、施工代表以及工程总结和设计回访等工作。

（9）严格遵守保密制度，防止失密和技术流失。

（10）负责指导有关制图人员的工作。

（四）制图人员

（1）在设计人员指导下，按时完成制图任务，并对其质量负责。

（2）安排好个人作业计划，承担制图工作，编制有关技术文件和进行有关的计算工作。

（3）认真执行有关标准、规范和工程设计规定，正确应用基础资料、数据、计算方法和计算公式等。

（4）制图工作中正确体现设计人员的意图或草图的要求，制图比例适当、投影正确，图面清晰，尺寸、数字、坐标、标高、符号、图例等正确无误，字迹端正。

（5）按规定签署设计文件。

（五）校核人员

（1）设计校核人员应与设计人员共同研究设计方案和设计原则。对设计文件进行全面校核，并对所校核的设计文件的质量负责。校核的主要内容如下。

①负责图纸、表格和文字说明的全面校核。主要包括比例、视图的选用是否适当，图面布置是否整齐、清晰，投影是否齐全，书写坐标、标高、尺寸、数字、符号、图例、图签等是否齐全正确，文字叙述是否通顺、简练、确切和完整无误。

②负责设计计算书的校核。校核计算书中采用的设计条件、设计数据、计算方法、计算公式，电算程序的选取是否正确，并校核计算的全过程和计算结果。

③负责设计文件的校核。设计是否符合生产、操作、维修、安全?制造和施工安全方面的要求，设计成品是否完整无遗漏，内容是否符合

有关标准、规范和工程设计规定，标准图、复用图的选用是否恰当，选用材料、设备、结构是否正确和经济合理。

（2）认真执行质量体系文件，按质量保证程序的规定进行校核和签署。

（3）校核人员发现的问题，应与设计人员讨论研究，妥善处理。

（六）审核人员

（1）设计审核人员参加设计原则和主要技术问题的讨论研究。指导并帮助设计人员和校核人员解决疑难技术问题，对主要技术问题和技术方案的正确和合理性负主要责任。

（2）负责审核设计文件的主要内容如下。

①设计原则、设计方案是否符合计划任务书和上级审批意见的要求，是否技术先进，经济合理、安全适用和切合实际。

②生产流程、主要设备、结构、材料的确定和选用是否合理、正确和可靠。

③设计数据、重要的计算方法、计算公式、电算程序和计算结果是否正确可靠。

④设计内容是否完整无遗漏，设计成品是否符合有关标准、规范和工程设计规定。

（3）认真执行质量体系文件，按质量保证程序的规定进行审核和签署。

（4）妥善处理设计人员与校审人员的不同意见。

第三节　建筑工程设计的阶段

建筑工程设计全过程划分为五个阶段，即设计前期准备阶段、方案设计阶段、初步设计阶段、施工图设计阶段和配合施工验收总结阶段。

一、设计前期阶段

设计前期阶段是整个设计全过程工序控制的首要环节。明确设计委托，核准原始依据，落实基础资料，扩大前期服务，充实设计准备等，是本阶段工序控制的工作重点。

（一）接受任务委托，收集基础资料

（1）取得工程设计立项和规模投资等方面的上级批准文件（复印件）。

（2）取得填写齐全、明细的设计任务（委托）书。

（3）签订工程设计合同和有关工作协议书。

（4）核实设计任务、工艺设计文件和使用要求等。

（5）取得拨地位置红线图。

（6）取得地形图及勘察报告等地质资料。

（7）取得改、扩建工程的原有设计文件与资料。

（8）落实城市规划、消防、人防、环保等方面提出的有关要求。

（9）取得外地工程有关气象、水文地震等方面的基础资料。

（10）根据任务轻重、均衡生产等原则，及时下达设计任务。

（二）进行设计准备

（1）按照分级管理的原则，由院、所（室）研究确定参加工程设计的主要人选。

（2）组织设计人员进行现场踏勘，深入了解地上、地下的环境条件。

（3）对确实需要外出调研的项目，应认真做好准备，做到目标具体，收效明显。

（4）适时召开会议，重点研究有关任务书、工艺和使用要求、设计进度安排等方面的前提条件以及实行限额设计，开展目标创优和组建QC小组方面的实施计划。

二、方案设计阶段

方案设计阶段是提高设计水平，实现设计创优的关键阶段。开展方案比选、明确创优目标，加强事先指导，严格分级审查等是本阶段工序控制的核心内容。

（一）方案设计构思

（1）根据工程设计的性质、特点和各方面的意见要求，共同研究确定设计原则和指导思想。

（2）按分级管理规定：院级工程由主管院长和总工、所（室）级工程由主任工程师组织各专业设计人员提出两个以上可供比较的构思方案，必要时由有关职能部门拟定办法，在全院范围开展方案竞赛。

（3）院级工程，经主管院长或总工、所（室）级工程经主任工程师审定同意后征求院外有关部门或建设单位意见。

（二）方案设计，审查

方案设计经过院、所分级审查，比选优化综合指导后，编制正式方案设计文件，并根据需要绘制表现图纸和制作模型。

三、初步设计阶段

初步设计阶段在整个设计全过程的工序控制当中起着“承前启后”的重要作用，在本阶段的工序控制实践中，必须努力做到坚持设计程序，认真履行合同，严格控制委托，确保文件深度，深化目标创优等实施要点。

（一）编制初步设计文件

（1）根据上级主管部门对方案提出的审查意见，进行必要的修改和补充，并在此基础上研究拟定初步设计工作计划。

（2）根据国家和本院有关初步设计文件深度的规定要求，精心组织各专业人员同步进行设计文件的编制工作，及时协调解决专业间的问题，确保整个工程设计文件内容的完备与统一。

（二）初步设计文件审定

（1）根据院、所（室）两级管理的规定，院各专业总工和所（室）各专业主任工程师，应有计划、有重点地抓好跟踪指导和目标工作。

（2）设计中严格执行方针政策、技术法规，对规模面积、工程投资、设计标准等严格控制，对各专业设计中的重大方案性、前提性问题进一步深化落实。

（3）院、各专业总工和所（室）各专业主任工程师，对院、所（室）两级工程的初步设计文件，认真组织综合审查，填写初步设计指导检查标，并按规定要求在设计文件上进行签署。

（4）在上级主管部门召开初设审查会之前，设计总负责人应组织各专业人员认真做好准备，审查汇报时，要有条理、有层次，有重点地说明设计意图和特点，认真维护设计的科学性和公正性，对直接影响设计顺利进行的客观因素的问题，应明确提出/提请领导尽快研究解决，并认真做好记录。

四、施工图设计阶段

施工图设计阶段是工程设计的成果阶段，也是保证设计质量、提高设计水平的后期考核验收阶段。在本阶段的工序控制中，必须切实抓好保证文件深度，坚持限额设计，提高出手质量，加强综合会审，落实创优目标，严格质量评定等项工作。

（一）充实技术准备

（1）取得文件的正式审查批复文件，核实各级主管部门对初步设计调整工程设计中需要严格控制的指令性标准。

（2）深入落实满足施工图设计内容深度要求所需要的有关规划、消防、人防、环保、市政、公用、电力以及施工安装等方面的必备资料和依据文件。

（3）根据初步设计的审查批复文件和各有关方面的合理意见，进一步改进和完善设计。

(4) 落实设计条件，商定设计进度，组织拟定统一技术条件和质量保证措施，认真填写开工报告表。

(二) 编制施工图设计文件

(1) 根据施工图设计总的进度计划和质量目标，组织各专业制定相互配合，互提资料，动态协调，综合统一的时间和措施计划。

(2) 各专业人员认真进岗尽职，制图、设计、计算等“上序”岗位，要努力提高“出手质量”；校对、审核、审定等“下序”岗位，要严格质量把关，“上序”不明示自校标记和不签署的，“下序”不予接受。

(3) 确保各专业间图纸及文件深度符合有关规定的要求以及创优目标的落实。

(4) 设计过程中各专业间报告密切联系、相互关注、相互协调，校审和预算人员等“下序”岗位，应提前插入，加强设计质量的预验、预防工作。

(5) 适时组织有各专业参与的会审、会签工作，发现问题应及时修改完善。

(6) 施工图设计完成后，各专业人员应对图纸、计算书、预算书等设计文件，认真进行汇总分析，并做好质量评分定级工作进行审定。

(三) 文件整理、归档出版

(1) 施工图设计质量平定工作完成后，应将全部图纸、计算书、预算书等文件以及工序控制表等整理齐全，经主管职能部门检查后归档出版。

(2) 设计文件归档，应认真按照《工程设计文件归档目录表》中所列的内容要求，及时整理归档。

五、配合施工验收总结阶段

配合施工验收总结阶段是工程设计全过程中的收尾总结阶段。在本阶段的工序控制中必须重点抓好文件整理归档、设计技术交底、施工现场服务、设计文件变更、工程施工图以及工程回顾设计总结等现场工作，做到善始善终，实现良性循环。

(一) 技术交底、配合施工

(1) 根据工程建设的实际需要，适时组织做好施工图设计的技术交底准备工作，各专业对设计中重要内容、关键部位、特殊要求和突出问题等，详细说明设计意图和具体做法，取得施工单位的密切配合。

(2) 在交底时施工单位对设计质量和服务质量等方面提出的问题和意见，设计人员应虚心听取并由专人做好记录，认真分析研究并及时解决和善后处理。

(3) 建设过程中，而根据需要，酌情采取驻现场服务组，轮流派出代表定期深入工地以及有事随叫随到等形式，及时研究处理施工中出现的有关问题，并认真做好记录和进行必要的反馈处理工作。

(4) 当需要进行设计变更（补充）时应按照管理标准和工作要求，及时认真地填发设计变更（补充）通知单，其中变更原因必须明确、具体，专业变更必须同步、协调，岗位签署必须齐全，重大变更内容必须报请专业总工审查把关，最后编号存档。

(5) 参加竣工验收，如实反映施工质量，关键问题要做好记录。

(二) 回访总结信息反馈

(1) 工程建设中或投入使用后应结合工程复查、专题调研、事故处理、竣工验收、质量评优和设计总结等工作，采取“走出去，请进来”以及函调、信访等方式，认真进行回访，并对各方面提出的意见及时加以研究和整改。

(2) 打响重点和院级创优工程，应认真组织设计总结工作，把设计成果、时间经验等加以条理化、系统化，形成学术论文。科技成果、技术措施、管理标准力求通过推广应用，达到有所发现、有所创新、有所改进、有所提高的目的。

第四节　初步设计的内容和深度

一、建筑方案设计文件的内容及深度

方案设计文件根据设计任务书进行编制。由设计说明书、设计图纸、投资估算、透视图等四部分组成。除透视图单列外，其他文件的编排顺序为：

第一，封面（要求写明方案名称，方案编制单位，编制时间）。

第二，扉页（方案编制单位行政及技术负责人，具体编制总负责人签认名单）。

第三，方案设计文件目录。

第四，设计说明书。

第五，设计图纸。

第六，投资估算。

一些大型或重要的城市建筑根据工程需要可加做建筑模型（费用另收）。

（一）总平面专业方案设计内容及深度

在方案设计阶段，总平面专业设计文件应包括：设计说明书、设计图纸。

必要时还应附有总平面鸟瞰图或总体模型。

1. 设计说明书

应对总体方案构思意图作详尽的文字说明，并应列举出技术经济指标表，包括总用地面积、总建筑面积、建筑占地面积、各主要建筑物的

名称、层数、高度以及建筑面积、覆盖率、道路广场铺砌面积、绿化率、必要时及有条件情况下计算场地用土方工程量。

2. 设计图纸

（1）用地范围的区域位置。

（2）用地红线范围（各角点测量坐标值、场地现状标高、地形地貌及其他现状情况反映）。

（3）用地与周围环境情况（如用地外围城市道路、市政工程管线设施、原有建筑物、构筑物、四邻拟建建筑及原有古树名木、历史文化遗址保护）。

（4）总平面布局。其功能分区、总体布置及空间组合的考虑；道路广场布置；场地主要出入口车流、人流的交通组织分析（并应说明按规定计算的停车泊位数和实际布置的停车泊位为数量），以及其他反映方案特性的有关分析；消防、人防、绿化等全面考虑。

（二）建筑专业方案设计内容及深度

在方案设计阶段，建筑专业设计文件应包括：设计说明书、设计图纸、透视图或鸟瞰图，必要时还应有建筑模型。

1. 设计说明书

（1）设计依据及设计要求。

①计划任务书或上级主管部门下达的立项批文、项目可行性研究报告批文、合资协议书批文等。

②红线图或土地使用批准文件。

③城市规划、人防等部门对建筑提供的设计要求。

④建设单位签发的设计委托书及使用要求。

⑤可作为设计依据的其他有关文件。

（2）建筑设计的内容和范围。简述建筑地点及其周围环境、交通条件以及建筑用地的有关情况，如用地大小、形状及地形地貌、水文地质、供水、供电、供气、绿化、朝向等情况。

（3）方案设计所依据的技术准则。如建筑类别、防火等级、抗震烈度、人防等级的确定和建筑及装修标准等。

（4）设计构思和方案特点。包括功能分区、交通组织、防火设计和安全疏散，自然环境条件和周围环境的利用，日照、自然通风、采光、建筑空间的处理，立面造型，结构选型和柱网选择等。

（5）垂直交通设施。包括自动扶梯和电梯的选型、数量及功能划分。

（6）关于节能措施方面的必要说明，特殊情况下还要对各音响、温、湿度等作专门说明。

（7）有关技术经济指标及参数、如建筑总面积和各功能分区的面积。层高和建筑总高度。其他如住宅中的户型、户室比、每户建筑面积和使用面积，旅馆建筑中不同标准的客房间数、床位数等。

2. 设计图纸

（1）平面图（主要使用层平面图）

①底层平面及其他主要使用层平面的总尺寸、柱网尺寸或开间进深尺寸（可用比例尺标示）。

②功能分区和主要房间的名称（少数房间，如卫生间、厨房等可以用室内布置代替房间名称）。必要时要画标准间或功能特殊建筑中的主要功能用房的放大平面和室内布置图。

③要反映各种出入口及水平和垂直交通的关系，室内车库还要画出停车位和行车路线。

④要反映结构受力体系中承重墙、柱网、剪力墙等的位置关系。

⑤注明主要楼层、地面、屋面的标高关系。

⑥剖面位置及编号。

（2）立面图

根据立面造型特点，选绘有代表性的和主要的立面，并表明立面的方位、主要标高以及与之有直接关系的其他（原有）建筑和部分立面。

（3）剖面图

应剖在高度和层数不同、空间关系比较复杂的主体建筑的纵向及横向相应部位。一般应剖到楼梯，并注明各层的标高。建筑层数多、功能关系复杂时，还要注明层次及各层的主要功能关系。

3．透视图或鸟瞰图

视需要而定。设计方案一般应有一个外立面透视图或鸟瞰图。

4．建筑模型

可在建设单位提出要求或设计部门认为有必要时制作，一般用于大型或复杂工程的方案设计。

（三）结构专业方案设计内容及深度

在方案设计阶段，结构专业设计文件主要为设计说明书。包括设计依据，结构设计及其他需要说明的问题。

1．设计依据

主要阐述建筑物所在地与结构专业设计有关的自然情况，包括风荷载、雪荷载、地震基本强度，有条件时概述工程地质简况。深基坑的维护措施及其他事项。

2．结构设计

主要阐述以下内容：

（1）结构抗震设防内容。

（2）上部结构选型概述。

（3）新结构采用情况。

（4）条件许可下阐述基础选型。

（5）人防地下室的结构做法。

3．需要说明的其他问题

简要说明相邻建筑物的影响关系。

二、初步设计的内容

初步设计文件根据设计任务书进行编制，由设计说明书（包括设计总说明和各专业设计说明书）、设计图纸、主要设备及材料表和工程概算书等四部分组成，在初步设计阶段，各专业应对本专业内容的设计方案或重大技术问题的解决方案进行综合技术经济分析，论证技术上的适用性、可靠性和经济上的合理性，并将其主要内容写进本专业初步设计说明书中；设计总负责人对工程项目的总体设计在设计总说明中予以论述。

为编制初步设计文件，应进行必要的内部作业，有关的计算书、计算机辅助设计的计算资料，方案比较资料、内部作业草图、编制概算所依据的补充资料等，均须妥善保存。

初步设计文件的深度应满足审批的要求：

第一，应符合已审定的设计方案。

第二，能据以确定土地征用范围。

第三，能据以准备主要设备及材料。

第四，应提供工程设计概算，作为审批确定项目投资的依据。

第五，能据以进行施工图设计。

第六，能据以进行施工准备。

（一）初步设计说明书

初步设计说明书由设计总说明书和各专业的说明书组成。如果工程规模较小，设计总说明、专业说明书可以合并编写，有关内容也可以适当简化。

1. 设计总说明

设计总说明是初步设计的重要组成部分，是对建筑工程设计在总体设计方面的文字叙述，其内容一般包括以下几个方面。

（1）工程设计的主要依据

①批准的设计任务书文号、协议书文号及其有关内容。

②工程所在地区的气象、地理条件、建设场地的工程地质条件。

③水、电、气、燃料等能源供应情况。公用设施和交通运输条件。

④用地、环保、卫生、消防、人防、抗震等要求和依据资料。

⑤建设单位提供的有关使用要求或生产工艺等资料。

（2）工程设计的规模和设计范围

①工程设计的规模及项目组成。

②分期建设（应说明近期、远期工程）的情况。

③承担设计的范围与分工。

（3）设计指导思想和设计特点

①设计中贯彻国家政策、法令和有关规定的情况。

②采用新技术、新材料、新设备和新结构的情况。

③环境保护、防火安全、节约用地、综合利用、人防设置以及抗震防护等主要措施。

④根据使用功能要求，对总体布局和选用标准的综合叙述。

（4）总指标

①总用地面积、总建筑面积、总建筑占地面积。

②总概算及单项建筑工程概算。

③水、电、气、燃料等能源总消耗量与单位消耗量，主要建筑材料总消耗量。

④其他相关的技术经济指标及分析。

（5）需提请在设计审批时解决或确定的主要问题

①有关城市规划、红线、拆迁和水、电、气、燃料等能源供应的协作问题。

②总建筑面积、总概算（投资）存在的问题。

③设计选用标准方面的问题。

④主要设计基础资料和施工条件落实情况等影响设计进度和设计文件批复时间的问题。

2. 总平面专业设计说明书

（1）设计依据及基础资料

①摘述选址报告、工艺和资源资料、水文、地质、气象资料、用地

范围及对外协议（如征地的初步协议书）等以及设计任务书中与本专业设计有关的内容。

②设计采用的定额、指标和标准（包括地方的有关规定）。

③当地规划和有关主管部门对本工程的平面布局、周围环境、空间处理、交通运输、环境保护、文物保护、分期建设等的要求。

④本工程地形图所采用的坐标、高程系统及其与城市等相应系统的换算关系（注明测绘单位和日期）。

⑤凡设计总说明已有阐述的可从略。

（2）场地概述

①说明场地所在的市、县、乡名称，描述周围环境与当地能源、水电、交通、公共服务设施等的相互关系。

②概述场地地形起伏、丘、川、塘等状况（如位置、流向、水深、最高最低标高、总坡向、最大坡度和一般坡度等）。

③描述场地内原有建筑物、构筑物，以及保留（包括大树、文物古迹等）、拆除和搬迁的情况。

④与总平面有关的因素如地震、湿陷性黄土、地裂缝、岩溶、滑坡及其他地质灾害、植被覆盖、汇水面积、小气候影响。洪水位等的择要概述。

⑤若工程位于市近郊时还应叙述耕地情况及农田改造措施。

（3）总平面布置

①说明如何因地制宜，根据地形、地质、朝向、风向、防水、卫生以及环境保护等要求布置建筑物、构筑物，使其满足使用功能或生产要求，做到技术经济合理、有利生产发展、方便职工生活。

②说明功能分区原则，远近期结合意图，发展用地的考虑，人流车流路线的组织，出入口、停车场的布置、人防设置等。

③说明街景空间组织及其与周围环境的协调，以及如何妥善安排建设项目与城市规划或附近城镇的关系。

④说明有关环境美化设计、建筑小品和绿化布置等。

（4）竖向设计

①说明决定竖向设计的依据，如城市道路和管道的标高、工艺要求、运输、地形、排水、洪水位等情况以及土石方平衡、取土或弃土地点、场地、平整方法等。

②说明竖向布置方式（平坡式或台阶式），地表雨水排除方式（明沟或暗沟系统）等。如采用明沟系统，还应阐述其排放地点的地形、高程等情况。

（5）交通运输

①概述人流和车流。

②说明道路的主要设计技术条件：主干道、次干道的路面宽度、标准横断面形式、路面结构、转弯半径、最大纵坡以及桥涵的类型、长度、孔径、跨度与结构形式。

③若采用铁路或水运说明其概况。

（6）需提请在设计审批时解决或确定的主要问题

特别是涉及总平面设计中的定额、指标和标准方面有待解决的问题时，应详细阐述其情况及拟处理办法。

3. 建筑专业设计说明书

（1）设计依据及设计要求。

①摘要介绍设计任务书和其他依据性资料中与建筑设计有关的内容。

②根据城市规划、环境保护的要求，按使用性质、生产类别阐述建筑物对噪音控制、采光、通风、日照、湿热度、净化及其他特殊要求。

③建筑物的等级、人防、抗震设防等级和卫生、消防的标准。

④概要说明经过方案比较后所选定的设计方案的特点，如使用功能、技术设备、经济效益等和据以进行初步设计的原则。

（2）建筑设计。

①根据使用功能或生产工艺要求，确定建筑平面布置、层数和层高；对室内声、光、热工、通风、视线、消防、节能、人防、三废治理

以及其他环境条件所采取的措施。

②说明建筑物的立面造型及其与周围环境空间的关系。

③在节能、人防、三废治理等方面采取的措施。

④所采用的装修标准、隔墙、内外墙面、平顶、防水、保温、隔热等的做法。

(3) 有关规模、建筑物的组成、建筑面积、使用面积、建筑体积、平面系数和其他主要建筑技术指标的说明。

(4) 对分期建设或有扩建计划的工程，说明分期建设内容及对以后续建或扩建的处理。

4. 结构专业设计说明书

(1) 设计依据及设计要求

①自然条件

风荷载、雪荷载，工程所在地区的地震基本烈度，工程地质和水文地质情况，其中着重对场地的特殊地质条件（如软弱地基、膨胀土、滑坡、溶洞、冻土、抗震的不利地段等）分别予以说明。当已有的工程地质勘察报告不够详尽或由于建筑的重要性、复杂性，设计对场地工程地质勘察有特殊内容的要求时，应明确提出补充勘察的要求。

②设计要求

根据建筑结构安全等级、使用功能或生产需要所确定的使用荷载、抗震设防烈度、人防等级等，阐述对结构设计的特殊要求（如耐高温、防渗漏、防震抗震、防爆、防蚀等）。

③对施工条件的要求

说明施工条件，如吊装能力、沉桩或地基处理能力、结构构件预制或现场制作的能力，采用新的施工技术的可能性等。若尚未确定施工单位，应提出对施工条件配合的要求。

(2) 结构设计

重点阐述结构设计的主要内容如下。

①结构选型。

②地基处理及基础形式。

③伸缩缝、沉降缝和防震缝的设置。

④为满足特殊使用要求的结构处理。

⑤新技术、新结构、新材料的采用。

⑥主要结构材料的选用。

⑦特殊构造构件规格的统一标准图集的采用等其他内容。

（二）设计图纸

在建筑工程初步设计阶段，总平面专业和建筑专业均应绘制相应的工程图纸。结构专业需要用概略图表达的内容可提供给建筑专业，由建筑专业在图纸上表示。

对于重要的或大型的复杂建筑，其他专业也应绘制相应的图纸。

1. 总平面专业图纸

总平面专业图纸包括区域位置图、总平面图、竖向布置图。图纸应反映出下列内容。

（1）区域位置图

①地形和地物。

②城市坐标网、坐标值。

③工程场地范围的测量坐标（或注尺寸）。

④场地附近原有的和规划的交通运输线路及公用设施（如车站、码头、机场、大型桥梁等）；本工程道路、铁路接线点及进入场地的位置、坐标和标高。

⑤场地附近河道、水库的名称、位置、主要高程。

⑥场地附近大型公共建筑的位置和名称。

⑦指北针、风玫瑰图。

⑧本图亦可视工程规模等具体情况与总平面图合并。

（2）总平面图

①地形和地物。

②测量坐标网、坐标值；场地施工坐标网、坐标值。

③场地四界的测量坐标和施工坐标（或注尺寸）。

④建筑物、构筑物（人防工程、地下车库、油库、贮水池等隐蔽工程以虚线表示）的位置，其中主要建筑物、构筑物的坐标（或相互关系尺寸）、名称（或编号）、层数，室内设计标高。

⑤拆除废旧建筑的范围边界，相邻建筑的名称和层数。

⑥道路、铁路和排水沟的主要坐标（或相互关系尺寸）。

⑦绿化及美化设施的布置示意。

⑧指北针、风玫瑰图。

⑨主要技术经济指标和工程量表。

⑩说明栏内：尺寸单位、比例、测绘单位、测绘日期、工程系统名称、场地施工坐标网和测量坐标网的关系，补充图例及其他必要的说明等。

（3）竖向布置图

①场地施工坐标网，坐标值。

②建筑物、构筑物的名称（或编号），室内外设计标高。

③场地外围的道路、铁路、河渠或地面的关键性标高。

④道路、铁路、排水沟的起点、变坡点、转折点和终点等设计标高。

⑤用坡向指针表示地面坡向。

⑥指北针。

⑦说明栏内：尺寸单位，比例，工程系统名称等。

⑧当工程简单时，本图可与总平面图合并绘制。

对于大型工程及特殊情况，必要时可做模型或鸟瞰图，提供设计审批时参阅。

2. 建筑专业设计图纸

（1）平面图

平面图应反映出下列内容。

①纵、横墙、柱（墩）和轴线、轴线编号。

②墙、柱、内外门及门洞、窗、天窗、楼梯、电梯、作业平台、吊车型号、吨位、跨距、行驶范围、铁轨、地坑、阳台、雨篷、平台、台阶、踏步、坡道、散水、伸缩缝、沉降缝、抗震缝、隔断、水池、卫生器具等必须表达的内容。

③各房间、车间、工段、走道等名称；有特殊要求的主要厅、室的具体布置；生产车间内与土建有关的主要工艺设备的布置示意。

④标明轴线之间尺寸，外包总长，墙厚，及其他尺寸与轴线的关系。

⑤标明室内外地面设计标高及地上地下各层楼面标高。

⑥地下层如有多层，从底层向下顺序，为地下一层，地下二层……

⑦剖切线及符号。

⑧指北针（画在底层平面）尽量取上北下南的图面。

⑨多层或高层住宅建筑的标准层，标准单元或标准间，需要时应绘制放大平面图及室内布置图。

（2）立面图

视建筑物的性质、繁简，选择绘制代表性的立面。立面图应反映出下列内容：

①建筑两端部的轴线、轴线编号。

②立面外轮廓、门窗、门头、天窗、雨篷、檐口、女儿墙顶、屋顶、阳台、平台、栏杆、台阶踏步、勒脚、线脚、墙面开洞、伸缩缝、沉降缝、抗震缝、消防梯、水斗、雨水管和装饰等。

（3）剖面图

剖面图应剖在有楼梯、层高不同、层数不同、内外空间比较复杂的部位；一般应绘出：

①内、外墙柱、轴线、轴线编号，内、外门窗、地面、楼板、屋顶、檐口、女儿墙，出屋顶烟囱、吊车及型号、轨距、吊车梁、平顶、天窗、挡风板、楼梯、电梯、平台雨篷、阳台、地沟、地坑、踏步、坡道等。

②标注高度尺寸，由室外地面至建筑檐口或女儿墙顶的总高度，各层之间尺寸、门、窗洞口高度，其他必需的尺寸等。

（4）特征表

对技术简单的项目，表中项目栏内容应结合工程具体情况，予以增减调整。

（5）透视图、模型

大型民用建筑工程或其他重要工程，在方案过程中，根据需要可以绘制透视图、鸟瞰图或制作模型。

（三）主要设备及材料表

给水排水专业主要设备材料表内容包括各种水泵、电机、风机、空压机以及起吊上述设备的吊车等机电设备；水表、压力表、真空表、流量计、温度计等专用仪表；锅炉、开水炉、投药设备、过滤器、离心脱水机、冷却塔等专用设备；灭火器、消火栓、自动喷洒头、水流报警器等消防设备；水处理的化验仪器设备；各种卫生设备、管材及各种阀门性能、生产厂家等。电气专业应统计出整个工程的一、二类机电产品和非标设备的数量及主要材料。弱电专业按整个工程项目，汇总列出主要设备、材料表。

（四）工程概算书

工程设计概算是控制和确定工程造价的文件。设计概算经批准后，就成为编制固定资产投资计划、签订建设项目总包合同和贷款总合同、实行建设项目投资包干的依据；也是控制基本建设拨款和施工图预算，以及考核设计经济合理性的依据。

设计概算是初步设计文件的重要组成部分。设计概算文件必须完整地反映工程初步设计的内容，严格执行国家有关的方针、政策和制度，实事求是地根据工程所在地的建设条件（包括自然条件，施工条件等可能影响造价的各种因素），正确地按有关的依据性资料进行编制。

设计概算文件包括概算编制说明、总概算书、单项工程综合概算书、单位工程概算书、其他工程和费用概算和钢材、木材、水泥等主要材料表。

第二章　建筑工程环境性设计

第一节　建筑工程的外部环境设计

建筑与外部环境设计的主要工作，是依据场地的自然环境条件和人工环境条件，在原有地形上，创造性地布置建筑、改造场地等，以满足各种设计要求。

一、建筑布局设计

建筑布局重在处理好建筑物或建筑群与场地环境及周边的关系。主要设计依据有《民用建筑设计统一标准》《城市居住区规划设计标准》等。

在建筑红线或用地红线内布置建筑物或建筑群，还应遵循以下要点。

(一) 功能分区合理

尽量避免主要建筑受到废气、噪声、光线和视线等干扰，使建筑物之间的关系合理、联系方便。

(二) 主要建筑的位置合理

主要建筑应布置在较好的地形和地基之处，以减少土方量，降低建造成本，并保障使用安全。建筑选址应避开不利的地段，如市政管线、人防工程或地铁、地质异常（溶洞、采空区）、污染源、高压线、洪水淹没区、地基承载力较弱处，以及建筑抗震要求避开的地段等。

（三）争取好朝向

好朝向能使建筑内部获得好的采光和通风、好的景观和节能效果，避开有污染等不利因素的上风向。我国的大多数建筑采用南北朝向，这样会有好的日照，南方地区在夏季一般有好的通风，但北方地区在冬季需考虑避风（在我国，淮河流域以及秦岭山脉以北地区，属于北方地区）。

（四）满足各种间距要求

间距要求包括日照间距要求和防火间距要求。建筑布置时，新建建筑与其他建筑、规划红线、用地红线、建筑控制线和道路等的距离，应按照要求留足间距。

（1）日照间距。建筑内部应能获得足够的采光和日照，才有益人的健康并且节省能源。对此，国家标准有明确规定，主要是为保证北侧建筑的南向底层房间，在大寒日或冬至日（一年中最冷或日照时间最短的一天），获得足够的日照时间，而不会被南侧的建筑所遮挡，详见表 2－1。

表 2－1　住宅建筑日照标准

建筑气候区划	Ⅰ、Ⅱ、Ⅲ、Ⅶ气候区		Ⅳ气候区		Ⅴ、Ⅵ气候区
	大城市	中小城市	大城市	中小城市	
日照标准日	大寒日			冬至日	
日照时数（b）	≥2	≥3		≥1	
有效日照时间带（b）	8－16			9－15	
日照实践计算起点	底层窗台面				

日照间距 L＝H－h/tanα。式中，H 是南侧的建筑高度；h 是北侧建筑南向窗台高度；α 为项目所在地冬至日的太阳高度角。当地冬至日的太阳高度角的简化计算式是 α＝90°－（当地纬度＋北回归线纬度 23°26′）。

（2）防火间距。设置建筑之间防火间距的目的是避免建筑发生火灾时危及周边其他建筑，详见表2—2。

表2—2　民用建筑之间的防火间距 单位：m

建筑类别		高层民用建筑	裙房和其他民用建筑		
		一、二级	一、二级	三级	四级
高层民用建筑	一、二级	13	9	11	14
裙房和其他民用建筑	一、二级	9	6	7	9
	三级	11	7	8	10
	四级	14	9	10	12

①相邻两座单、多层建筑，当相邻外墙为不燃性墙体且无外露的可燃性屋檐，每面外墙上无防火保护的门、窗、洞口不正对开设且该门、窗、洞口的面积之和不大于外墙面积的5%时，其防火间距可按本表的规定减少25%。

②两座建筑相邻较高一面外墙为防火墙，或高出相邻较低一座一、二级耐火等级建筑的屋面15m及以下范围内的外墙为防火墙时，其防火间距不限。

③相邻两座高度相同的一、二级耐火等级建筑中相邻任一侧外墙为防火墙，屋面板的耐火极限不低于1.00h时，其防火间距不限。

④相邻两座建筑中较低一座建筑的耐火等级不低于二级，相邻较低一面外墙为防火墙且屋顶无天窗，屋面板的耐火极限不低于1.00h时，其防火间距不应小于3.5m；对于高层建筑，不应小于4m。

⑤相邻两座建筑中较低一座建筑的耐火等级不低于二级且屋顶无天窗，相邻较高一面外墙高出较低一座建筑的屋面15m及以下范围内的开口部位设置甲级防火门、窗，或设置符合现行国家标准《自动喷水灭火系统设计规范》规定的防火分隔水幕。《建筑设计防火规范》规定，设置防火卷帘时，其防火间距不应小于3.5m；对于高层建筑，不应小于4m。

⑥相邻建筑通过连廊、天桥或底部的建筑物等连接时，其间距不应

小于本表的规定。

⑦耐火等级低于四级的既有建筑，其耐火等级可按四级确定。

（3）与用地红线的关系。建筑距离这个红线，不能小于半间距的规定，否则会侵害其他单位的权益。

（4）建筑与高压线的距离。按照国务院颁布的《电力设施保护条例》的规定，架空电力线路保护区为：导线边线向外侧水平延伸并垂直于地面所形成的两平行面内的区域。在一般地区各级电压导线的边线延伸距离如下：1～10kV，5m；35～110kV，10m；154～330kV，15m；500kV，20m。在此范围内不得兴建建筑物、构筑物。

（5）建筑物与周边道路之间的间距，见表2－3。

表2－3　道路边缘至建、构筑物最小距离 单位：m

道路级别 建、构筑物的类型			居住区道路	小区路	组团路及宅前小路
建筑物面向道路	无处入口	高层	5	3	2
		多层	3	3	2
	有出入口		—	5	2.5
建筑物山墙面向道路		高层	4	2	1.5
		多层	2	2	1.5
围墙面向道路			1.5	1.5	1.5

若干居住组团组成居住小区；若干居住小区组成居住区；若干居住区组成一个城市。居住组团的规模：1000～3000人；居住小区规模：10000～15000人；居住区规模：30000～50000人。

（6）建筑退让。有大量人流、车流集散的建筑，以及位于道路交叉口处的建筑等，建筑位置还应由红线后退，设计时应遵循各地主管部门的具体要求。大多城市中的建筑用地，都涉及“三线”问题，即道路红线、用地红线和建筑控制线。

（7）观察建筑的距离与角度。当人观察和欣赏建筑物的视角在45°、

27°、18°左右时，分别有以下特点：

①建筑物与视点的距离（D）与建筑物高度（H）相等，即 D/H＝1，垂直视角在 45°左右。此时为近距离，适合观看建筑物的细部，但不利于观看建筑物的整体，因为易发生变形的错觉。

②建筑物与视点的距离（D）与建筑高度（H）之比 D/H＝2，视角在 27°左右。此时为中距，可以较好地看到建筑物的全貌，是观察建筑物整体的最佳视角。

③建筑物与视点的距离（D）与建筑高度（H）之比 D/H＝3，视角在 18°时左右。此时为远距，适合观赏建筑群体，对建筑物及所处环境的研究较为理想。

较重要的建筑（例如纪念性建筑）的设计，应当特别重视这些特点的利用。

二、场地内部交通设计

场地内部交通包括人行和车行两个系统，两个系统间一般应设高差，保证其互不干扰，使用安全。另外，车道往往还承担场地排水的功能（类似水沟），在城市里，整个车行系统一般低于人行 100～150mm。人行系统包括人行道、广场和运动场地等；车行系统包括车行道、停车场和回车场等。

居住区内道路设计应符合《城市居住区规划设计标准》的规定：

（1）居住区道路：红线宽度不宜小于 20m。

（2）小区路：路面宽 6～9m，建筑控制线之间的宽度，需敷设供热管线的不宜小于 14m；无供热管线的不宜小于 10m。

（3）组团路：路面宽 3～5m；建筑控制线之间的宽度，需敷设供热管线的不宜小于 10m；无供热管线的不宜小于 8m。

（4）宅间小路：路面宽不宜小于 2.5m。

（5）在多雪地区，应考虑堆积清扫道路积雪的面积，道路宽度可酌情放宽，但应符合当地城市规划行政主管部门的有关规定。

(6) 各种道路的纵坡设计，详见表2—4。

表2—4 居住区内道路纵坡控制指标 单位:%

道路类别	最小纵坡	最大纵坡	多雪严寒地区最大纵坡
机动车	≥0.2	≤8，L≤200m	≤5，L≤600m
非机动车	≥0.2	≤3，L≤500m	≤2，L≤100m
步行道	≥0.2	≤0.8	≤4

(7) 停车位的数量也应按照国家相关标准或各地依据当地特点制定的标准执行，例如在重庆市，目前按照《重庆市城市规划管理技术规定》2018版的要求执行。

(8) 车道转弯必须设置缘石半径，即转弯处道路最小边缘的半径。居住区道路红线转弯半径不得小于6m，工业区不小于9m，有消防功能的道路，最小转弯半径为12m。为控制车速和节约用地，居住区内的缘石半径不宜过大。

(9) 为保交通安全，道路交叉口还应设置视距三角形。在视距三角形内不允许有遮挡司机视线的物体存在。

(10) 无障碍设计。建筑的内外环境设计要考虑残障人士出行和使用方便，具体要求详见《无障碍设计规范》。

三、场地的绿化和景观设计

建筑基地应做绿化、美化环境设计，完善室外环境设施。场地绿化的作用是改善环境，植物可以起到遮挡视线、隔绝噪声、美化环境、保护生态、改良小气候等作用。室外地面硬化部分，在满足使用的前提下应尽可能少占地，其余的地面应多做绿化。各地方对城市或场地绿化的比例都有明确要求。

四、竖向设计

场地竖向设计主要内容包括：

(1) 确定建筑和场地的设计高程；

（2）确定道路走向、控制点的空间位置（平面坐标及高程）和坡度；

（3）确定场地排水方案；

（4）计算挖填方量，力求平衡；

（5）布置挡土墙、护坡和排水沟等。

五、城市规划的控制线

市规划对建筑的设计与建造，有较强的约束性，这体现在“城市规划七线”等方面，如表2—5所示。

表2—5　城市规划七线

序号	规划控制线名称	规划控制线的用途	备注
1	红线	道路用地和地块用地界线	建筑及其构件等不许超越
2	绿线	生态、环境保护区域边界线	其范围内不得建设非绿化设施
3	蓝线	河流、水域用地边界线	建筑不得进入其控制范围
4	紫线	历史保护区域边界线	范围内不得随意拆除和新建
5	黑线	电力设施建设控制线	建筑不得进入其控制范围
6	橙线	降低城市中重大危险设施的风险	建筑不得进入其控制范围
7	黄线	城市基础设施用地边界线	建筑不得进入其控制范围

除“城市规划七线”外，还有公共空间控制线、主体建筑控制线等。

第二节　建筑工程的内部环境设计

绝大多数建筑建造的终极目的是营造适宜人类活动和有益人类健康的内部空间环境。环境对人的作用过程是：环境质量→人的感官→生理反应→心理感受→意志的产生→行为的变化。因此，好的环境应使人们在生理上感到舒适，在心理上感到满足，从而在意志上乐不思蜀，在行为上流连忘返。建筑内部环境的营造应首先从使人们能够获得良好的官能感受着手，包括营造好的视觉、听觉、嗅觉、触觉甚至味觉感受。

一、视觉效果设计

（一）人的视距和视角

视野是指头部和眼睛固定时，人眼所能察觉的空间范围。正常人的视野范围。单眼视野竖直方向约130°，水平方向约150°。双眼视野在水平方向重合120°，其中60°时较为清晰，中心点1.5°左右时最为清晰。由于不同颜色对人眼的刺激有所不同，所以视野也不同。由于直接视野是指“可察觉到”的空间范围，视野范围内的大部分只是人眼的“余光”所及，仅能看清楚物体的存在，不能看清看仔细。通常按对物体的辨认效果，即辨认的清晰程度和辨认速度，分为以下四个视区：中心视区、最佳视区、有效视区和最大视区。

由于人眼在瞬时能看清的范围很小，人们观察事物多依赖目光的巡视，因此设计中必须考虑目光的巡视特性：

（1）目光巡视的习惯方向：在水平方向上从左到右；在铅垂方向上从上到下；旋转巡视时习惯按顺时针方向。

（2）视线水平方向的运动快于铅垂方向，且不易感到疲劳；对水平方向上尺寸与比例的估测比对铅垂方向上的准确。

（3）目光巡视运动是点点跳跃，而非连续运动的。

（4）两眼总是协调地同时注视一处，很难分别看两处，所以设计中常取双眼视野为依据。

眼睛向亮处的适应叫明适应、光适应，向暗处的适应叫暗适应。当人们从暗处进入亮处，适应时间约1分钟就可完成，而从亮处突然进入暗处，适应时间长达10多分钟。

眼睛遇到过强的光，整个视野会感到刺激，使眼睛不能完全发挥机能，这种现象称为眩光。不恰当的阳光采光口、不合理的光亮度和不恰当的强光方向均会在室内形成眩光现象。

（二）环境的照度

照度是一个物理指标，用来衡量作业面上单位面积获得的光能的多少，单位是lx，而计量光能多少的单位是lm，照度就是lm/m^2。作业面是人们从事各种活动时，手和视线汇集的地方，或场所里最需要照明的部位，如教室的课桌面、工厂的操作台面等。

各种场所的作业面高度以及照度，在国家标准《建筑照明设计标准》中有明确规定。照度由人工照明或天然采光保证。

（1）天然采光

①开窗面积

不开窗是不行的，“黑房子”历来是建筑设计中必须避免的“败笔”。人工照明无论怎样配置，也很难达到天然光那种柔和自然、朝晖夕阴的妙景。但是，并不是说窗户面积越大越好，因为它还涉及保温、隔热、节能、通风、排湿等多种功能，也就有了多种限制。

②天然采光的调控

由于天然光是按照天体运行、阴晴雨雪的自然规律而变化的，并不能处处随心所欲，因此，许多时候都需要对天然采光进行适当的调控。例如，采用有色吸热玻璃、反射玻璃、半透明玻璃、定向透射玻璃对进光量进行调控；采用在玻璃上涂漆、镀铬、贴膜等方式控制东晒或西晒的影响；采用固定或活动的遮阳板、遮光格栅来避免夏季太阳强烈的直射和眩光效应；采用活动的百叶窗或各种窗帘对采光进行主动的调节；采用光的反射原理、光导纤维或输光管道将日光传送到需要照明的空间等。

（2）人工照明

人工照明的目的是按照人们生理、心理和社会的需求，创造一个人为的光环境。人工照明主要可分为工作照明（或功能性照明）和装饰照明（或艺术性照明），其相应的灯具也分别称为功能灯具和装饰灯具。前者主要着眼于满足人们生理、生活和工作上的实际需要，具有实用性的目的；后者主要着眼于满足人们心理、精神和社会的观赏需要，具有艺术性的目的。

在建筑空间内，可以用灯光来强调聚谈中心和就餐中心，也可以用阴影来掩盖不愿被人注意的地方，还可以采用较强的局部照明形成个人的“领域”。可以用荧光灯的分散照明使建筑空间显得宽敞些，也可以采用白炽灯的集中照明使空间显得紧凑些。如果顶棚较低，就不宜采用过大的吊灯，而应选用扁平的吸顶灯，这样可以使空间显得稍大些。

建筑的艺术照明则有美观大方的多样形式，如吊灯、暗灯、壁灯、吸顶灯、发光顶棚、各种光带、格片格栅等形式，为建筑师的艺术构思和灵感的发挥提供了驰骋的天地。

(三) 光源的色彩与室内环境氛围

人们用黑体的色温来描述光源的色彩。能把落在它上面的辐射全部吸收的物体称为黑体，黑体加热到不同温度时会发出的不同光色，如果某一光源的颜色与黑体加热到绝对温度5000K（华氏温度，开尔文）时发出的光色相同，该光源的色温就是5000K。在800～900K时，光色为红色；3000K时为黄白色；5000K左右时呈白色；8000～10000K时为淡蓝色。

二、听觉效果设计

听觉效果设计的内容，主要是降低和控制环境噪声，以保证足够的音量和改善声音的质量。室内音质的大体设计步骤如下。

(一) 降低环境噪声

降低环境噪声，是指通过隔离噪声源，减少噪声传播，使室内外环境的噪声值达到国家标准《民用建筑隔声设计规范》和《民用建筑设计统一标准》的规定。

(二) 做好室内的音质设计

室内音质设计必须依一个固定程序，一步接一步地按照顺序完成，具体就是：

（1）确定建筑空间的用途。因为用途不同，对音质的要求不同，对混响时间长短的需要就不同。

（2）确定空间合适的形状。这样可以避免声缺陷，使音质不致受损，这些声缺陷主要包括：

①声影：一些区域为障碍物遮挡，造成声音被削弱。

②回声：直达声与较强的前次反射声，到达人耳的前后时差超过50ms后形成。

③颤动回声：平行界面产生的声波往复反射而形成。

④声聚焦：声能被凹曲面反射所产生的聚集现象。

⑤声爬行：声波会沿圆形平面的墙体逐渐反射爬行，最后又到达声源起点，这种现象会使墙体附近的观众感到声源位置难以捉摸。

（3）确定空间容积。空间容积与混响时间成正比关系。空间容积大小的确定，首先要考虑空间特定的使用功能对最大容积的限制；另外，应根据使用功能，先确定人均容积，再确定建筑空间的容积。

（4）合理布置声学材料。在厅堂内布置装修和吸声材料，不论是自然声还是电声厅堂，舞台（主席台）周围界面都以反射材料（质地密实）为主；舞台正对的墙面，因为易产生回声，所以以吸声材料或构造为主；两侧墙面及部分吊顶，以扩散和吸声为主。一般的视听空间，可采用MLS吸声扩散材料来做墙和吊顶面的装修，以改良室内音质。

（5）确定“理想的频率特性曲线”。

（6）利用伊林公式，按照一定程序计算厅堂的满场及空场的频率特性曲线，并与理想的曲线比较。根据结果对设计做调整，直至满足要求。

（三）原声厅堂与电声厅堂的声学设计差别

原声厅堂的室内声学设计，必须按照室内音质设计的步骤，确定空间形状，限定空间容积，布置各种材料，最终满足理想频率特性曲线的混响和其他音质要求。重要的电声厅堂也应照此程序先处理好室内音质，再配备合适的电声设备。

室内听觉效果的营造，是以建筑声学理论为指导，以现代技术手段为支撑的。

三、触觉效果设计

（一）有关因素

室内环境中影响人的触觉的因素包括材料、温度、湿度和空气流速等，常见的材料运用有地毯铺设、装修采用“软包”措施等。又如人们经常接触的地面和墙面，应采用蓄热系数高的装修材料（如木材等），这些材料自身的温度变化缓慢，不受外界温度急剧变化的影响，始终让人感到舒适。

（二）有关指标

适用于住宅和办公建筑的有关指标，具体参见《室内空气质量标准》，以及《民用建筑供暖通风与空气调节设计规范》，见表2—6。

表2—6　室内空气的物理指标

序号	参数类别	参数	单位	标准值	备注
1	物理性	温度	℃	22～28	夏季空调
				16～24	冬季采暖
2		相对湿度	%	40～80	夏季空调
				30～60	冬季采暖
3		空气流速	m/s	0.3	夏季空调
				0.2	冬季采暖
4		新风量	m^3/（h·p）	30	

四、室内环境与人的心理

（一）空间尺度与人的心理感受

人类具备在身处各种环境时，进行自我保护和防止干扰的本能，对于不同的活动场所，有生理范围、心理范围和领域的需求，体现为必需的人际距离。设计中对空间尺度的把握，应关注这种距离的需求。

（二）私密性与尽端区域

私密性是人的本能，也反映在人与人或人与群体之间必须维持的空间距离，如银行的取款一米线等设计，都考虑了满足这种需求。为了保护自身的私密性，人在公众空间中总会趋向尽端区域，就是空间中人流较少且安全有一定依托的处所，如室内靠墙的座位、靠边的区域等。另外，人在参观、就餐或工作时，也会经常体现出尽端趋向，餐厅内设立厢座，就是为创造更多的尽端区域，以顺应这种趋向。

（三）安全感与依托

人在环境中的安全感往往来源于依托，依托是安全感存在的基础。在公共空间中，人们往往会寻找有依托的、安全性高的区域。室内的依托主要表现为构架、柱、实体或稳定的壁面等。安全感是人在社会中的一种心理需求，如人在办公室中，常会选择靠近实体墙壁的面为主要的办公座位，这样会感觉到安全。

（四）从众与趋光心理

从众心理是人在心理上的一种归属需求的表现，当突发事件给人群带来不安时，人们会盲目选择跟随人流行动，就是明显的例子。

在黑暗中，人类具有选择光明的趋向，因为光给人带来了希望和安全感，因此，环境中光的指向作用尤为重要。如建筑内部的紧急出口处，都设置灯光来指示人流。

（五）色彩与人的心理感受

环境的色彩会对人的心理产生影响。例如，暖色调（红色、橙色、黄色等）色彩的搭配，会使人感到温馨、和煦、热情等，因此常施用于餐厅一类的公共场所；冷色调（青色、绿色、紫色等）色彩的搭配，使人感到宁静、清凉、冷静等，常用于办公或研究场所。

（六）不同触觉对心理的影响

研究发现，柔软舒适的触觉会让人感到愉悦；触摸到硬物时，人们普遍会产生稳定和严厉等感觉；粗糙的物体会使人联想到困难；光滑的物体表面会让人心情放松，而手持重物则使人感觉周围的环境似乎也变得沉重起来。

第三节　建筑环境的卫生与环保设计

一、室内空气质量

新鲜空气除有益健康外，还让人的嗅觉舒适，从而影响心情。为保持室内空气的清新、减少有害物质，国家标准以“换气量”这个指标来作出规定。室内环境应有足够的自然通风或机械送风，满足室内每人每小时换气量（新风量）不低于30m^3。换气量的要求直接对建筑门窗的设计有影响，具体详见《室内空气质量标准》和《民用建筑供暖通风与空气调节设计规范》。

二、燥光污染

视觉环境中的燥光污染，一是室外视环境污染，如建筑物外墙的反射；二是室内视环境污染，如室内装修、室内不良的光色环境等；三是局部视环境污染，如纸张、某些工业产品等。

由于建筑和室内装修中采用的镜面、瓷砖和白粉墙日益增多，近距离读写使用的书簿纸张越来越光滑，当代人实际上把自己置身于一个“强光弱色”的“人造视环境”中。

据测定，一般白粉墙的光反射系数为69％～80％；镜面玻璃的光反射系数为82％～88％，特别光滑的粉墙和洁白的书簿纸张的光反射系数高达90％，比草地、森林或毛面装饰物面高10倍左右，大大超过了人体所能承受的生理适应范围，构成了新的污染源。燥光污染可对人眼的角膜和虹膜造成伤害，抑制视网膜感光细胞功能的发挥，引起视疲劳和视力下降。

三、病菌与病毒防范

人群聚集的场所，设计时应关注流行病的防范，注意公共卫生。因此，设计餐馆、医院等洁净度要求高的公共场所时，更要使室内环境利于防止病毒滋生与传播，例如室内要有充分的日照，空间界面设计要易于清洁、不留死角等。其他场所也应考虑和解决类似问题，例如对于人员密集场所，主管部门就要求必须安装足够多的紫外杀菌灯，在非营业时间照射足够多的时间，设计时应严格遵循。

四、有害物质控制

由于建筑材料与装修材料的选材不当或通风不好等原因，室内易积聚的有害物质有甲醛、氨、苯及苯系物质、氡、总发挥性有机物（TVOC）、有害射线（与石材有关）等，过量时会使人致病。建筑设计和内部装修设计要依据国家有关标准，严格控制其含量不会超标。这些标准目前不少于10个，如《室内装饰装修材料有害物质限量内墙涂料》等。20世纪90年代，材料科学家提出了“生态环境材料”的理念。生态环境材料大致分为两类：一类是保健型生态环境材料，具有空气净化、抗菌、防霉功能和电化学效应、红外辐射效应、超声和电场效应以及负离子效应等功能；另一类是环保型生态环境材料，对居住环境空气、温度、湿度、电磁生态环境具有保护和改善效果。

五、环境电磁污染

电磁辐射污染被国际上公认为第五害，它一方面影响人体健康和安全，另一方面也对各种电子仪器、设备形成电磁干扰。过量的电磁辐射会引起人的生理功能紊乱、出现烦躁、头晕、疲劳、失眠、记忆力减退、脱发、植物神经紊乱等。电磁辐射对生活环境和工作环境的影响也很大，会干扰广播、电视、通信设备、工业、交通、军事、科技、医用电子仪器和设备的工作，造成信息失误、控制失灵，对通信产生干扰和破坏，造成泄密等，甚至酿成重大事故。环境电磁场，特别是生产工艺过程中的静电场，可能引起放电、爆炸和火灾，对生产和人身安全有很大的威胁。对此，设计应采取对应的措施，如电磁屏蔽、电磁波吸收与引导、采用电磁生态环境材料等。

第四节　建筑工程的安全性设计

建筑的安全性体现在场的安全、建筑防灾（如防火和防震）、结构安全、设备安全和使用安全等方面。

一、建筑防火分区

建筑内部人员和电气设备多，可燃物也不少，容易引发火灾造成生命财产损失。任何一幢或一群建筑物设计，要满足国家有关防火设计规范的要求，包括《建筑设计防火规范》和《建筑内部装修设计防火规范》。本书的各种数据均摘自这两个国家标准。设置防火分区的目的，是在火灾发生后能够阻止其在建筑内部的蔓延。防火分区是由防火墙、楼面、屋面以及防火门窗等，在建筑内部分隔出的更小空间，其大小的要求见表2—7。

表2—7　不同耐火等级建筑的允许建筑高度或层数、防火分区最大允许建筑面积

<table>
<tr><th>名称</th><th>耐火等级</th><th>允许建筑高度或层数</th><th>防火分区的最大允许建筑面积/m²</th><th>备注</th></tr>
<tr><td>高层民用建筑</td><td>一、二级</td><td>按《建筑设计防火规范》（GB 50016—2014）规范第5.1.1条确定</td><td>1500</td><td rowspan="2">对于体育馆，剧场的观众厅、防火区分的最大允许建筑面积可适当增加</td></tr>
<tr><td rowspan="3">单、多层民用建筑</td><td>一、二级</td><td>按《建筑设计防火规范》（GB 50016—2014）规范第5.1.1条确定</td><td>2500</td></tr>
<tr><td>三级</td><td>5层</td><td>1200</td><td>—</td></tr>
<tr><td>四级</td><td>2层</td><td>600</td><td>—</td></tr>
<tr><td>地下、半地下建筑（室）</td><td>一级</td><td>—</td><td>500</td><td>设备用房的防火区分最大允许建筑面积不应大于1000m²</td></tr>
</table>

表中规定的防火分区最大允许建筑面积，当建筑内设置自动灭火系统时，可按本表的规定增加1.0倍；局部设置时，防火分区的增加面积

可按该局部面积的1.0倍计算。

裙房与高层建筑主体之间设置防火墙时，裙房的防火分区可按单、多层建筑的要求确定。

二、建筑安全疏散

安全疏散设计的目的是，保证在各种紧急情况例如火灾或地震时，建筑内部的人员能够快速转移到建筑外面去。

安全疏散设计应使安全出口（含疏散楼梯间、房间门和建筑通往外面的门）的数量、大小和位置，以及安全疏散通道大小和疏散距离的设计，满足国家标准要求。

（一）安全口数量

公共建筑内每个防火分区或一个防火分区的每个楼层，安全出口的数量应经计算确定，且不少于两个。两个安全口之间的净距离不应小于5m，否则只算作一个。

公共建筑内的房间，除一些特殊条件外，应经过计算并设两个安全出口或者更多。

（二）疏散楼梯的数量

按照疏散要求，建筑应经计算设置两个或更多的楼梯，仅少数特殊情况可以只设一个楼梯。

（三）与安全疏散有关的楼梯间类型

与疏散有关的楼梯间，分为三种形式，即开敞式楼梯间、封闭式楼梯间和防烟楼梯间。

（1）开敞式楼梯间一般用于低层和多层建筑。

（2）封闭式楼梯间：是用耐火建筑构件分隔，以乙级防火门隔开楼梯间和公共走道，能够自然采光和自然通风，能防止烟和热气进入的楼梯间。封闭楼梯间的门应向疏散方向开启。

（3）防烟楼梯间，是指在楼梯间入口处设有防烟前室，开敞式阳台或凹廊（统称前室）等设施，且通向前室和楼梯间的门均为防火门，以防止火灾的烟和热气进入的楼梯间。

三、建筑防震

（一）基本概念

地震主要是因为地球板块运动突变时，在板块边缘或地质断层某一点释放超常能量造成的，这一点称为震源，其在地面的投影点称为震中。其他因素也会诱发或造成地震，例如地陷或核爆等。

（二）地震的震级

震级是衡量地震释放能量大小的尺度。同国际上一样，我国用里氏震级作标准，共 12 级。每一级之间大小相差约 31.6 倍。假设一级地震是 1，则二级是一级的约 31.6 倍，三级就是一级的约 1000 倍，以此类推。

（三）地震的烈度

烈度是衡量地震发生时所造成破坏程度的尺度。地震的破坏程度与地震震级的大小成正比，与某地至震中的距离以及震源至震中的距离成反比。烈度共分为 12 度，其中 1～5 度是“无感至有感”；6 度是“有轻微损坏”；7～10 度为“破坏性”；11 度及其以上是“毁灭性”。

（四）地震烈度区划图

地震烈度区划图是按照长时期内各地可能遭受的地震危险程度对国土进行划分的，是建筑工程抗震设计的重要依据之一。

（五）抗震设防目标

我国现阶段房屋建筑采用三个水准的抗震设防目标，即：

第一目标：“小震不坏”，指当遭受低于本地区地震基本烈度的多遇地震影响时，建筑一般不受损坏或不修理可继续使用。

第二目标：“中震可修”，指当遭受相当于本地区地震基本烈度的地震影响时，建筑可能损坏，但经一般修理或不需修理仍可继续使用。

第三目标：“大震不倒”，指当遭受高于本地区抗震设防烈度预估的罕遇地震时，建筑不致倒塌或发生危及生命的严重破坏。

（六）建筑选址

地震设防地区的建筑选址，应避开不利的地形和地段，如软弱场地土，易液化土，易发生滑坡、崩塌、地陷、泥石流的地段，以及断裂带、地表错位等地段；并避开其他易受地震次生灾害（如污染、火灾、海啸等）波及的地方。

（七）建筑结构选型

地震设防地区的建筑，其平面和立面布置宜规整，剖面不宜错层，并减少大悬挑和楼板开洞。在我国，地震烈度在6度及以上地区，建筑设计要考虑防震。

第三章　建筑工程的功能性设计

应较全面深刻地理解建筑的功能性的内涵；熟悉在设计时如何考虑满足使用者的需要，以及相关的设计要点。建筑的使用功能要求包括人在生理上、心理上、行为上的各种要求，对于设计来说，是最为基本的要求，必须保证这些需要能够很好地得到满足。

建筑设计的目的，是创造满足人们需要的内外部环境、建筑造型与内部空间，并确定各个空间的大小、形状等，以满足人们的各种需求。所以，建筑的功能性永远是第一位的，这是建筑设计的工作重点。

第一节　建筑工程的主要空间设计

一、平面大小的确定

单一空间平面大小的确定，应满足使用要求和布置需要，并遵循或参照国家标准或行业标准的指标。

例如星级宾馆（旅游饭店）的标准间，其房间大小尺寸应能满足人体尺度、人的活动所需空间以及家具和设备布置安装的空间要求，同时还应满足国家标准《旅游饭店星级的划分与评定》的规定。如果是四星级饭店，该标准明确要求“70％客房的面积（不含卫生间）不小于 $20m^2$”。

又如中小学普通教室大小的设计，既要考虑单个学生的身体尺寸以及所用家具占用空间大小，又要考虑一个班的人数和通道宽度等，还要满足教学使用方面的要求，以及保护学生的视力等要求。

再如住宅建筑设计，各房间的大小应满足布置必要家具和方便使用的要求；厨房设计要满足各种厨具和设备的布置和炊事操作的需要；卫生间的大小应能满足干湿分区和必要的卫生洁具的布置和使用要求。

有的单一空间要求空间的尺度不宜过大，例如视听空间的观众厅，最后一排观众的视距（观众眼睛到设计视点的实际距离）不宜大于33m，否则将看不清演员的面部表情，因此，空间的长度就受限。所谓设计视点，是国家标准规定的、每个观众都应看到的那一点，在剧场中，就是大厅中轴线、舞台大幕和舞台面相交的那一点，在电影院里，就是银幕下端的中点。

从经济角度说，建筑空间的大小足够使用就好，不宜过大。对于各种民用建筑设计，相关国家标准都给出了不同房间面积的强制或参考指标，设计时应作为重要依据。

二、空间高度设计

供人使用的房间，最低净高不小于2.4m。一些房间净高还需考虑使用的要求，例如设置有双层床或高架床家具的学生宿舍，层高不应低于3.6m；一些公共建筑的层高，要考虑在集中空调、自动喷淋系统等安装到位及装修后的净高不能低于2.4m，个别局部空间高度不低于2.2m；一些对室内音质要求较高的空间，要考虑音质设计对空间容积的要求，并据此来确定空间高度。

三、公共卫生间设计

民用建筑内部都要设置公共卫生间，不同场所的公共卫生间在卫生洁具数量上有差别。

集中使用的（如中小学教学楼的学生厕所），针对男生应至少为每40人设1个大便器或1.20m长大便槽，每20人设1个小便斗或0.60m长小便槽；针对女生应至少为每13人设1个大便器或1.20m长大便槽，详见《中小学校设计规范》。

非集中使用的（如图书馆的卫生间），成人男厕按每60人设大便器一具，每30人设小便斗一具；成人女厕按每30人设大便器一具；儿童男厕按每50人设大便器一具、小便器两具；儿童女厕按每25人设大便器一具。营业性餐厅，每100座设置一个洁具。

公共卫生间一般除设置大小便器外，还应设置洗手盆，并设置做建筑内部清洁时所需的取水点和拖布池。

四、门厅设计

门厅的主要作用是组织和集散人流，展示建筑的特点，其面积大小一般根据建筑的使用特点和使用人数决定，设计可以参考和依据相关标准。例如，一个星级饭店的大堂设计，可依据《旅游饭店星级的划分与评定》等；电影院门厅和休息厅合计使用面积指标，按照行业标准《电影院建筑设计规范》规定，特、甲级电影院不应小于0.50m²/座，乙级电影院不应小于0.30m²/座，丙级电影院不应小于0.10m²/座；图书馆门厅的使用面积可按每阅览座位0.05m²计算等。

门厅设计时，要避免各种人流发生交叉、迂回或不易找到方向。一些特殊情况会使人群在这里发生拥挤，因此需有足够的空间应付。

五、交通空间设计

交通空间主要用于满足人流和物流进出通过需要，满足安全疏散的需要。交通空间包括各种组织交通的大厅（门厅和过厅等）、走道（内廊和外廊等）、楼梯间等，设计时既要考虑满足使用需要，不宜太小，也要考虑减少不必要的面积浪费，不应太多。

走道宽度要能满足来往人流股数的使用，每股人流宽度按照600mm考虑，半股（侧身）人流宽按照300mm考虑。如按照规范，中小学校建筑的疏散通道宽度最少应为2股人流，并应按0.60m的整数倍增加通道宽度。

(1) 住宅的走道：通往卧室、起居室的走道净宽不宜小于1000mm，通往辅助用房的不应小于800mm。

（2）中小学校的走道：据《中小学校设计规范》，教学用房采用中间走道时，净宽不应小于2400mm；采用单面走道或外廊时，净宽不应小于1800mm。

（3）办公建筑的内部走道净宽：据《办公建筑设计规范》，走道长度不大于40m，单面有房间时不小于1300mm；双面有房间时不小于1500mm；大于40m时，分别为不小于1500mm和1800mm。

（4）医院的走道：利用走道单侧候诊时，走道的净宽不应小于2100mm；两侧候诊时，净宽不应小于2700mm；通行推床的走道净宽不应小于2100mm；走道宽度还应该考虑大型家具和设备的进出，以及安全疏散需要。

六、楼梯间设计

楼梯是楼层间的垂直交通，是建筑的重要组成部分，其设计既要充分考虑其造型美观，人流通行顺畅、行走舒适，又要考虑满足消防疏散和安全要求，还应满足施工和经济条件的要求。

（一）楼梯的分类

楼梯一般由梯段、平台、栏杆扶手组成。不同的建筑类型，对楼梯性能的要求不同，楼梯具体的形式也不一样。

按照楼梯形式分类，常见的形式有平行单跑、平行多跑、平行双跑、平行双分双合、折行多跑、螺旋形楼梯、弧形楼梯等。根据建筑防火疏散的要求，楼梯与交通空间所需的开放封闭程度也有所不同，又可分为敞开楼梯间、封闭楼梯间和防烟楼梯间。

（二）楼梯的消防疏散

一栋建筑的楼梯数量和大小设置，应能提供足够的通行宽度，能够满足消防疏散的能力，楼梯间的位置应醒目易找，并应有直接的采光和自然通风。楼梯间的门应开向人流疏散方向，底层应有直接对外的出口；当底层楼梯需要经过大厅而到达出口时，楼梯间距出口处不得大于消防疏散距离。

（三）楼梯的尺度

楼梯的尺度设计应满足人们的日常使用，在保证功能的前提下，应尽量满足人们对舒适度的需求，涉及的数据主要包括踏步尺度、平台尺度、扶手栏杆尺度、净空高度。

1. 踏步尺度

踏步的高宽比应根据人流行走的舒适、安全和楼梯间的尺度、面积等因素进行综合权衡。常用的坡度为1∶2左右，人流量大时，安全要求的楼梯坡度应该平缓一些，反之则可陡一些，以节约楼梯间面积。

2. 平台尺度

梯段改变方向时，扶手转向端处的平台最小宽度不应小于梯段宽度，并不得小于1.20m，当有搬运大型物件需要时还应适量加宽。

3. 扶手栏杆尺度

梯段栏杆扶手高度应从踏步中心点垂直量至扶手顶面。其高度根据人体重心高度和楼梯坡度大小等因素确定，一般不小于1050mm（临空高度在24m及以上时，高度不应低于1.10m）。

供特定人群使用的楼梯在扶手设置上还有其他的要求，比如幼儿园、中小学等儿童专用活动场所的栏杆，其杆件净距不应大于0.11m，还应在500～600mm高度增设扶手。

4. 净空高度

楼梯各部位的净空高度，应保证人流通行和家具搬运，一般要求不小于2000mm，梯段范围内净空高度宜大于2200mm。当在平行双跑楼梯底层中间平台下设置通道时，为保证平台下净高满足通行要求，一般采用长短跑或降低楼梯间入口处地面标高等方式。

第二节 建筑工程的平面形态设计

建筑平面是建筑功能的基础和载体，也是体现建筑立面、空间、形象的基础。

一、建筑平面的形态构成

建筑平面的形态构成能够给使用者带来不同的心理感受。建筑平面形态是由点、线、面等二维基本元素系统构成的，通常有以下几种类型。

（一）基本几何形态

基本几何形态是建筑平面中最为简单和单纯的形态，而且逻辑性强，包括三角形态、矩形形态、圆形形态等，例如福建客家土楼就是圆形平面形态。基本几何形态的周围，通常都由墙体包围，只留下可供通气透风的小门和小窗，一般没有与外界联系的通道，即体现出封闭和自成一体的基本特征。如福建客家土楼的这种建筑平面形态，其象征意义就是内部团结和抵御外族。

（二）基本几何原形的变形组合

在应用多种基本几何原形的基础上，可以扭曲、旋转、倾斜等方式，将这些基本几何原形进行重新组合，以体现出更加丰富的平台形态。例如西班牙巴塞罗那的米拉公寓、迪拜阿联酋的旋转塔等，用卷曲、外翻等手法，将建筑物本身的主题语言表达出来。

（三）基本几何原形的分割重组

利用各个几何原形的引力、平行、交错等关系，还可塑造出更多丰富表情和齐全功能的平面空间。例如马里奥·博塔的斯塔比奥圆房子，在几何原形的平面上方，设置了一条“裂缝”，将光线引入建筑内部，表现出该建筑的独立性，又不会与周围的建筑物脱离联系。

二、建筑平面形态的构思手法

建筑平面形态设计离不开功能需求的满足和艺术形态的展现，在构思如何设计形态时，要从各个角度展开深入研究，方可体现出设计的全面性和独特性。形态设计的构思手法建议如下。

（一）形态设计中融入功能需求

建筑平面形态设计应该是艺术与实用功能相结合。建筑平面设计师最常用的形态设计方法是，从建筑物的工程需求角度出发，进而构思建筑平面的创意，将功能需求融入形态设计当中，避免在体现出平面创意的同时，无法全部实现建筑的功能。

（二）形态设计中融入传统符号

所谓的传统符号，是指建筑物所在地的历史和文化内涵。建筑物形态设计所强调的性格特征塑造中，传统符号就是一个重要元素，建立在历史和文化内涵的基础之上，建筑物的形态设计的性格特征才会越发明显。

（三）形态设计中融入心理感受

建筑平面形态设计的效果不仅仅是为了视觉享受，还需要在刺激视觉器官的同时，将形态设计的内涵传递到观看者的内心。也就是说，我们常见的建筑物扭曲形态，并非天马行空的设计，而是为了达到某种内心的震撼效果。

三、建筑平面形态设计的具体方法

建筑平面形态设计的基本概念元素是点、线、面、块，视觉元素则包括位置、形态、肌理、方向、色彩、大小等。建筑平面形态设计就是将概念元素和视觉元素进行巧妙结合，形成全新的形态设计产品。例如，点作为平面形态设计的最小元素，各点要素的有序排列就能够形成几何形体，而散落的各点要素疏密有致、大小相间和高低错落，能够促成非规律型的形态。另外，点在位置方面的处理是端点和节点，起到呼应、联系和点缀的作用，如建筑的窗洞、阳台、雨篷、入口等。再如，线直接决定建筑物的形象，引导建筑的方向，并分割建筑物的平面框架。线丰富了建筑物的肢体语言，如柱子、檐口、屋脊、栏杆等，会产生垂直、水平和倾斜等视觉感受，也有建筑设计师利用曲线的柔性美和弹性美，优化建筑物形态的韵律感，丰富建筑物的造型语汇，创造出动感及力度感强烈的建筑形态。在以上点和线的例子当中，可以看出基本概念元素和视觉形态共存的必要性，建筑设计师通常会在列出形态、色彩、肌理、位置、大小、方向形式的基础上，从设计的形态中确定概念元素排列的秩序。

四、建筑平面形态设计其他要求

除考虑满足使用要求和布置需要外，还应满足室内环境的视听要求、建筑艺术的要求等。例如音质要求较高的厅堂，为避免声缺陷，都尽量避免出现平行的界面，避免出现矩形平面和剖面。

设计尺寸应尽量符合建筑模数，从而使其易于建造，节省造价。例如贝聿铭设计的美国国家美术馆东馆，虽然造型复杂、空间多变，由于是依据1个三角形网格的模数系统设计，因此还是易于设计和施工的。满足艺术效果的需要。

第三节　建筑工程的空间组合设计

建筑物通常是由众多空间组成的，采取合适的方式来组合这些空间，才能满足使用的要求，同时呈现出不同的空间效果，给人不同的审美体验。

一、常用组合方式

（1）大厅式组合：以一个大空间作为纽带，将众多空间组合在一起。

（2）穿套：若干空间相互沟通，不需要专门的走道就组合成整体，在博览建筑中常见。

（3）重置：就是大空间套小空间的方式。

（4）并列：众多空间不分主次，以走道连接，组合成整体。

（5）叠加：众多空间上下重叠组合。

（6）混合组合：是上述组合方式的综合运用，用以组织众多的空间，形成建筑物。

二、空间序列设计

众多空间的组合设计，除满足使用要求外，还应考虑在人们经历这一系列空间后，能够获得怎样的体验和总体的印象。建筑师对此的考虑和采取相应的设计方法，就是空间序列设计。空间序列设计追求的是空间与时间，即所谓四维空间的艺术效果。

空间序列设计要求围绕一个主题和特点来组织众多空间，在时间和空间的安排上，应突出主题并有跌宕起伏的丰富变化，且形成这么一种程式，即这个序列应具备起始阶段（点题）、过渡阶段（铺垫）、艺术高潮（强化）和结尾（回味）。

空间在布置的过程中，应注意综合考虑其在实际使用过程中的最优组合方式，例如，各种学校使用功能分区及布置方案的优劣势比较。

又如北京紫禁城的空间序列，太和殿就是重点和艺术高潮。从金水桥到天安门的空间较逼仄，过天安门又显开敞，端门至午门，空间深远狭长，到午门的门洞，空间再度收束。过午门穿过太和门，到了太和殿前院，这时空间豁然开朗，蓝天白云和庄严雄伟的太和殿展现眼前，形成了空间艺术的高潮。

三、门窗组合设计

门窗是建筑的重要组成构件，它对建筑的使用功能和外观影响很大。

我国现代建筑门窗是20世纪发展起来的，按门窗的材质来区分，大致可分为木门窗时代、钢门窗时代、铝门窗时代和塑料门窗时代。在我国南方冬暖夏热的地区节约空调制冷能源消耗，以及在北方节约采暖供热能源消耗等，将作为门窗节能技术开发的目标。

（一）门窗的作用和设计要求

1. 门窗的作用

门窗是建筑内外联系的主要途径，在抗风压、阻止冷风渗透、防止雨水渗透、保温、隔热、隔声和采光等方面都有相应的要求。在不同气候的地区和不同季节，门窗可起到利用或阻止环境因素作用，可满足人对房间的建筑物理环境、卫生、气温、心理和安全等多方面的需求。

门在房屋建筑中的作用主要是交通联系，并兼采光和通风；窗的作用主要是采光、通风及眺望。门窗均属建筑的围护构件，其尺寸大小、位置、高度和开启方式等，都是影响建筑使用功能的重要因素。门窗的比例尺度、形状、数量、组合方式、位置、材质和色彩等也是影响建筑视觉效果的因素之一。

2. 门窗的设计要求

（1）满足使用的要求、采光和通风的要求，以及防风雨、保温隔热的要求。

（2）满足建筑视觉效果的要求。

（3）适应建筑工业化生产的要求。

（4）其他要求：坚固耐久、灵活，便于清洗维修。

（二）门的类型和尺度

1. 门的类型

门按在建筑物中所处的位置可分为内门和外门；按开启方式可分为平开门、弹簧门、推拉门、折叠门、转门、卷帘门和感应门等；按料材可分为木门、铝合金门、塑钢门、彩板门、玻璃钢门和钢门等；按用途可分为防火门、隔声门、保温门、屏蔽门、车库门、检修门、防盗门、泄压门和引风门等。

（1）平开门：是依靠铰链轴或辅以闭门器来转动开合的门，因其具有简单的构造、灵活的开启方式以及较方便地制作、安装和维修而被广泛使用。但其门扇易产生下垂或扭曲变形，所以门扇宜轻，门洞一般不宜大于3.6m×3.6m。门扇的材料有木材、铝合金和玻璃、钢或钢木组合。当门的面积大于 $5m^2$ 时，宜采用角钢骨架，并在洞口两侧做钢筋混凝土门柱，或在砌体墙中砌入钢筋混凝土砌块，以便于安装铰链。

（2）弹簧门：也是平开，但依靠弹簧铰链或地弹簧转动，构造比平开门稍复杂，可单向或双向开启。为避免人流相撞，门扇一般为玻璃或镶嵌玻璃。根据相关规范，幼托等建筑中不得使用弹簧门，弹簧门也不可以用作防火门。

（3）推拉门：也称滑拉门，是依靠轨道左右滑行来开合的，按照轨道的位置有上挂式和下滑式之分。上挂式适用于高度小于 4m 的门扇，下滑式多适用于高度大于 4m 的门扇。根据门洞的大小，推拉门可以采用单轨双扇、双轨双扇、多轨多扇等形式，门扇材料类型也较多，门扇还可藏在夹墙内或贴在墙面外。推拉门占用空间少，受力合理，不易变形，但关闭时难以密闭。民用建筑中一般采用轻便推拉门来分隔内部空间。一些人流量不大的公共建筑还可采用传感控制自动推拉门。

（4）折叠门：由铰链将多扇门连接构成，每扇宽度为 500～1000mm，一般以 600mm 为宜，适用于宽度较大的洞口。普通铰链只能挂两扇门，不适用于宽大洞口，因此折叠门通常使用特质铰链。折叠门可分为侧挂式折叠门和推拉式折叠门两种。侧挂式折叠门与普通平开门相似，推拉式折叠门与推拉门构造相似。折叠门开启时占用空间少但构造较复杂，一般常用于商业建筑或公共建筑中分隔空间。

（5）转门：由两个固定的弧线门套和垂直旋转的门扇组成，门扇为三扇或四扇，绕竖轴旋转。转门对隔离室内外空气有一定的作用，可作为寒冷地区、空调建筑且人流量不是很多的公共建筑的外门，如银行、写字楼、酒店等，但不能作为疏散门。需设置疏散口的时候，一般在转门的两旁另设平开门。

（6）升降门：开启时门扇沿轨道上升。它不占使用面积，常用于空间较高的民用与工业建筑。

（7）卷帘门：由多片金属页片连接而成，上下开合时由门洞上部的转轴将页片卷起放下。开启时不占使用面积，常用于不经常开关的商业建筑的大门等。钢卷帘门也常用作建筑内部防火分区的设施。除防火卷帘门外，其他卷帘门一般不用于安全疏散口处。

（8）上翻门：上翻门可充分利用上部空间，门扇不占用面积，但其五金及安装要求高。它适用于不经常开关的门，如车库大门。

（9）感应门：感应门广泛适用于宾馆、酒店、银行、写字楼、医院、商店等，按开启方式可分为平移式、旋转式和平开式；按感应方式的不同可分为红外线感应门、微波感应门、刷卡感应门、触摸式感应门等。使用感应门可以节约空调能源、降低噪声、防风、防尘。

（10）其他门和门洞：如古代中的将军门、耳门、牌坊和辕门等。中国古建筑使用的门窗类型众多，现在应用较少，因此不再赘述。

2. 门的尺度

一般民用建筑门洞的高度采用 3M 模数，常见的有 2100mm、2400mm、2700mm、3000mm 等，特殊情况以 1M 为模数，高度不宜小于 2100mm。门设有亮子（门扇上的小窗）时，门洞高度一般为 2400～3000mm。公共建筑大门的高度可视需要适当提高。

门洞宽以 1M 为模数。单扇门为 700～1000mm；双扇门为 1200～1800mm。门扇不宜过宽，过宽易产生翘曲变形和自重过大而不利于开启。洞口宽度在 2100mm 以上时，应做成三扇、四扇或双扇带固定扇的门。辅助房间（如浴厕、储藏室等），门的宽度一般为 700～900mm。公用外门一般为 1500mm，入户门和起居室（厅）、卧室门为 900mm，单扇阳台门为 700mm。一个门扇的宽度一般不超过 1000mm，超过 1000mm 的门要设计成两扇及以上。

为设计和制作方便，常见民用建筑用的门均编制成标准图，设计时可按需要直接选用。

（三）窗的类型与尺度

1. 窗的分类

（1）按其开启方式可分为：固定窗、平开窗、悬窗、立转窗和推拉窗等。

（2）按料材可分为：铝合金窗、塑钢窗、彩板窗、木窗、钢窗、纱窗和玻璃窗等。

（3）按窗的层数可分为：单层窗和双层窗。

（4）按用途可分为：防火窗、隔声窗、保温窗和气密窗等。

（5）其他类型还有棂格窗、花格窗、漏窗、百叶窗、玻璃天窗等，另外设在屋顶上的窗称为天窗。进深或跨度大的建筑物，室内光线差，空气不畅通，设置天窗可以增强采光和通风，改善室内环境。在宽大的单层厂房中，以及博物馆和美术馆一类民用建筑中，天窗的运用比较普遍。

2. 常见的窗

（1）固定窗：其玻璃直接镶嵌在窗框上，大多用于只要求有采光、眺望功能的窗，如走道的采光窗和一般窗的固定部分。它构造简单，密闭性好，多与开启窗配合使用。

（2）平开窗：有单扇、双扇、多扇及向内开与向外开之分。平开窗与平开门相似，它构造简单、开启灵活、制作维修均方便，是民用建筑中很常见的一种窗。

（3）悬窗：根据铰链和转轴位置的不同，可分为上悬窗、中悬窗和下悬窗。上悬窗一般向外开，防雨好，多采用作外门和窗上的亮子。下悬窗向内开，通风较好，不防雨，一般用于内门上的亮子。中悬窗开启时窗扇上部向内、下部向外，对挡雨、通风有利。

（4）推拉窗：分为水平推拉窗和上下推拉窗两种。推拉窗开启时不占室内空间，窗扇受力状态好，窗扇及玻璃尺寸可较平开窗大，但通风面积受限。

（5）立转窗：在窗扇上下冒头的中部设转轴，立向转动。立式转窗引导风进入室内的效果较好，多用于单层厂房的低侧窗，但其防雨及密封性较差，不宜用于寒冷和多风沙的地区。

（6）折叠窗：全开启时视野开阔，通风效果好，但需用特殊五金件。

（7）纱窗：纱窗的主要作用是“防蚊虫”。现在的纱窗比以前多了更多的花样，出现了隐形纱窗和可拆卸纱窗。

（8）百叶窗：能阻挡阳光直射并通风。

（9）隔声玻璃窗：由双层或三层不同质地或不同厚度的玻璃与窗框组成。隔声层玻璃常使用PVB膜等，经高温高压牢固黏合而成的；或在隔声层之间，夹有充填了干燥剂（分子筛）的铝合金隔框，边部再用密封胶（丁基胶、聚硫胶、结构胶）黏结合成的玻璃组件；又或是利用保温瓶原理，制作透明可采光的均衡抗压的平板型玻璃构件，在窗架内填充吸声材料，充分吸收透过玻璃的声波，以最大限度隔离各频段的噪声。

（10）漏窗：窗洞内装饰着各种镂空图案，透过漏窗可看到窗外景物。漏窗是中国园林中独特的建筑形式，也是构成园林景观的一种建筑艺术构件，通常作为园墙上的装饰小品，多在走廊上成排出现。江南宅园中应用很多，如苏州园林园壁上的漏窗就具有十分浓厚的文化色彩。

3. 窗的尺度

（1）窗的尺度主要取决于房间的采光、通风、构造做法和建筑造型等要求，并应符合现行《建筑模数协调统一标准》的规定。对于一般的民用建筑用窗，各地均有通用图集，各类窗洞的高宽尺寸通常采用扩大模数3M数列。一般平开窗的窗扇高度为800～1500mm，宽度为400～600mm；上下悬窗的窗扇高度为300～600mm；中悬窗的窗扇高不宜大于1200mm，宽度不宜大于1000mm；推拉窗的高度不宜大于1500mm。

（2）窗的面积大小应满足天然采光和建筑节能的需要，满足有关窗地比的规定。

第四章　建筑工程结构设计

第一节　建筑工程的结构和建筑

一、建筑和结构的关系

建筑和结构的统一体即建筑物，具有两个方面的特质：一是它的内在特质，即安全性、适用性和耐久性；二是它的外在特质，即使用性和美学要求。前者取决于结构，后者取决于建筑。

结构是建筑物赖以存在的物质基础，在一定的意义上，结构支配着建筑。这是因为，任何建筑物都要耗用大量的材料和劳力来建造，建筑物首先必须抵抗（或承受）各种外界的作用（如重力、风力、地震作用等），合理地选择结构材料和结构形式，既可满足建筑物的美学要求，又可以带来经济效益。

一个成功的设计必然以经济合理的结构方案为基础。在决定建筑设计的平面、立面和剖面时，就应当考虑结构方案的选择，使之既满足建筑的使用和美学要求，又照顾到结构的可能和施工的难易。

现在，每一个从事建筑设计的建筑师，都或多或少地承认结构知识的重要性。但是在传统观念的影响下，他们常常被优先培养成为一个艺术家。然而，在一个设计团队中，往往需要建筑师来沟通和结构工程师之间的关系，在设计的各个方面充当协调者。而现代建筑技术的发展，新材料和新结构的采用，又使建筑师在技术方面的知识受到局限。只有对基本的结构知识有较深刻的了解，建筑师才有可能胜任自己的工作，处理好建筑和结构的关系。反之，不是结构妨碍建筑，就是建筑给结构带来困难。

美观对结构的影响是不容否认的。当结构成为建筑表现的一个完整的部分时，就必定能建造出较好的结构和更满意的建筑。例如北京奥运会主体育场，外露的空间钢结构恰当地表现了“巢”的创意。现如今需要解决的问题已经不是“可不可以建造”，而是“应不应该建造”的问题。建筑师除了在建筑方面有较高的修养外，还应当在结构方面有一定的造诣。

二、建筑结构的基本要求

新型建筑材料的生产、施工技术的进步、结构分析方法的发展，都给建筑设计带来了新的灵活性和更宽广的空间。但是，这种灵活性并不排除现代建筑结构需要满足的基本要求。包括以下几方面。

（一）平衡

平衡的基本要求就是保证结构和结构的任何一部分都不发生运动，力的平衡条件总能得到满足。从宏观上看，建筑物应该总是静止的。

平衡的要求是结构与“机构”即几何可变体系的根本区别。建筑结构的整体或结构的任何部分都应当是几何不变的。

（二）稳定

整体结构或结构的一部分作为刚体不允许发生危险的运动。这种危险可能来自结构自身，例如雨篷的倾覆；也可能来自地基的不均匀沉降或地基土的滑移（滑坡），例如意大利的比萨斜塔就因为地基不均匀沉降引起倾斜。

（三）承载能力

结构或结构的任何一部分在预计的荷载作用下必须安全可靠，具备足够的承载能力。结构工程师对结构的承载能力负有不容推卸的责任。

（四）适用

结构应当满足建筑物的使用目的，不应出现影响正常使用的过大变形、过宽的裂缝、局部损坏、振动等。

(五) 经济

现代建筑的结构部分造价通常不超过建筑总造价的30%，因此结构的采用应当是使建筑的总造价最经济。结构的经济性并不是指单纯的造价，而是体现在多个方面。结构的造价受材料和劳动力价格比值的影响，还受施工方法、施工速度以及结构维护费用（如钢结构的防锈、木结构的防腐等）的影响。

(六) 美观

美学对结构的要求有时甚至超过承载能力的要求和经济要求，尤其是象征性建筑和纪念性建筑更是如此。应当懂得，纯粹质朴和真实的结构会增加美的效果，不正确的结构将明显地损害建筑物的美观。

实现上述各项要求，在结构设计中就应贯彻执行国家的技术经济政策，做到安全、适用、经济、耐久，保证质量，实现结构和建筑的和谐统一。

三、建筑结构的分类和结构选型

(一) 建筑结构的分类

根据建筑结构所采用的主要材料及受力和构造特点，可以做如下分类。

1. 按材料分类

根据结构所用材料的不同，建筑结构可分为以下几类。

(1) 混凝土结构

混凝土结构包括素混凝土结构、钢筋混凝土结构和预应力混凝土结构。钢筋混凝土和预应力混凝土结构，都由混凝土和钢筋两种材料组成。钢筋混凝土结构是应用最广泛的结构。除一般工业与民用建筑外，许多特种结构（如水塔、水池、高烟囱等）也用钢筋混凝土建造。

混凝土结构具有节省钢材、就地取材（指占比例很大的砂、石料）、耐火耐久、可模性好（可按需要浇捣成任何形状）、整体性好的优点。缺点是自重较大、抗裂性较差等。

（2）砌体结构

砌体结构是由块体（如砖、石和混凝土砌块）及砂浆经砌筑而成的结构，目前大量用于居住建筑和多层民用房屋（如办公楼、教学楼、商店、旅馆等）中，并以砖砌体的应用最为广泛。

砖、石、砂等材料具有就地取材、成本低等优点，结构的耐久性和耐腐蚀性也很好。缺点是材料强度较低、结构自重大、施工砌筑速度慢、现场作业量大等，且烧砖要占用大量土地。

（3）钢结构

钢结构是以钢材为主制作的结构，主要用于大跨度的建筑屋盖（如体育馆、剧院等）、吊车吨位很大或跨度很大的工业厂房骨架和吊车梁，以及超高层建筑的房屋骨架等。

钢结构材料质量均匀、强度高，构件截面小、重量轻，可焊性好，制造工艺比较简单，便于工业化施工。缺点是钢材易锈蚀，耐火性较差，价格较贵。

（4）木结构

木结构是以木材为主制作的结构，但由于受自然条件的限制，我国木材相当缺乏，目前仅在山区、林区和农村有一定的采用。

木结构制作简单，自重轻，加工容易。缺点是木材易燃、易腐、易受虫蛀。

2. 按受力和构造特点分类

根据结构的受力和构造特点，建筑结构可分为以下几种主要类型。

（1）混合结构

混合结构的楼、屋盖一般采用钢筋混凝土结构构件，而墙体及基础等采用砌体结构，“混合”之名即由此而得。

（2）排架结构

排架结构的承重体系是屋面横梁（屋架或屋面大梁）和柱及基础，

主要用于单层工业厂房。屋面横梁与柱的顶端铰接，柱的下端与基础顶面固接。

（3）框架结构

框架结构由横梁和柱及基础组成主要承重体系。框架横梁与框架柱为刚性连接，形成整体刚架；底层柱脚也与基础顶面固接。

（4）剪力墙结构

纵横布置的成片钢筋混凝土墙体称为剪力墙，剪力墙的高度往往从基础到屋顶，宽度可以是房屋的全宽。剪力墙与钢筋混凝土楼、屋盖整体连接，形成剪力墙结构。

（5）其他形式的结构

除上述形式的结构外，在高层和超高层房屋结构体系中，还有框架一剪力墙结构、框架一筒体结构、筒中筒结构等；单层房屋中除排架结构外，还有刚架结构；在单层大跨度房屋的屋盖中，有壳体结构、网架结构、悬索结构等。

（二）建筑结构选型

一个好的建筑设计，需要有一个好的结构形式去实现。而结构形式的最佳选择，要考虑到建筑上的使用功能、结构上的安全合理、艺术上的造型美观、造价上的经济，以及施工上的可能条件，进行综合分析比较才能最后确定。

以下就多层和高层房屋以及单层大跨度房屋的常见结构形式的受力特点、适用范围进行简单介绍，以供选择结构形式时参考。

1. 多层和高层房屋结构

通常把 10 层及 10 层以上（或高度大于 28m）的住宅建筑以及房屋高度大于 24m 的其他高层民用房屋结构称为高层房屋结构，而把低于上述层数的房屋结构称为多层房屋结构。多层和高层房屋结构的主要承重结构体系有：混合结构体系、框架结构体系、剪力墙结构体系等。

（1）混合结构体系

这是多层民用房屋中常用的一种结构形式。其墙体、基础等竖向构件采用砌体结构，而楼盖、屋盖等水平构件则采用钢筋混凝土等其他形式的结构。结合抗震设计要求，在进行混合结构房屋设计和选型时，应注意以下一些问题。

①房屋的层数和高度限值

对非抗震设计和设防烈度为6度时，混合结构房屋的层数和总高度不应超过房屋的层数和总高度限值的规定。其中：横墙较少的多层砌体房屋是指同一楼层内开间大于4.2m的房间占该层总面积的40%以上；横墙很少的多层砌体房屋，是指同一楼层内开间不大于4.2m的房间占该层总面积不到20%且开间大于4.8m的房间占该层总面积的50%以上。

②层高和房屋最大高宽比

限制房屋的高宽比，是为了保证房屋的刚度和房屋的整体抗弯承载力。普通砖、多孔砖和小砌块砌体房屋的层高不应超过3.6m；底部框架一抗震墙房屋的底部层高不应超过4.5m。

③纵横墙布置

在进行结构布置时，应优先采用横墙承重或纵横墙共同承重方案；纵横墙的布置宜均匀对称，沿平面内宜对齐，沿竖向应上下连续，同一轴线上的窗间墙宜均匀。楼梯间不宜设置在房屋的尽端和转角处。房屋的承重横墙，在抗震时通常就是抗震横墙。

（2）框架结构体系

与混合结构类似，框架结构也可分为横向框架承重、纵向框架承重及纵横双向框架共同承重等布置形式。一般房屋框架常采用横向框架承重，在房屋纵向设置连系梁与横向框架相连；当楼板为预制板时，楼板顺纵向布置，楼板现浇时，一般设置纵向次梁，形成单向板肋形楼盖体系。当柱网为正方形或接近正方形，或者楼面活荷载较大时，也往往采用纵横双向布置的框架，这时楼面常采用现浇双向板楼盖或井字梁楼盖。

框架结构体系包括全框架结构（一般简称为框架结构）、底部框架上部砖房等结构形式。现浇钢筋混凝土框架结构房屋的适用高度分别为60m（设防烈度6度）、50m（设防烈度7度）、40m（设防烈度8度）、35m（设防烈度8度）和24m（设防烈度9度）。

现浇框架结构的整体性和抗震性能都较好，建筑平面布置也相当灵活，广泛用于6～15层的多层和高层房屋，如学校的教学楼、实验楼、商业大楼、办公楼、医院、高层住宅等（其经济层数为10层左右、房屋的高宽比以5～7为宜）。在水平荷载作用下，框架的整体变形为剪切型。

2. 单层大跨度房屋结构

单层大跨度房屋的结构形式很多，有的适用于工业建筑，有的适用于民用建筑（一般是公共建筑）。以下就一些主要结构形式及受力特点作简单介绍，供结构选型时参考。

（1）排架结构

这是一般钢筋混凝土单层厂房的常用结构形式。其屋架（或薄腹梁）与柱顶校接，柱下端则嵌固于基础顶面。作用在排架结构上的荷载包括竖向荷载和水平荷载。竖向荷载除结构自重及屋面活荷载外，还有吊车的竖向作用；水平荷载包括风荷载（按抗震设计时，则为水平地震力）和吊车对排架的水平刹车力。

由屋架（或屋面大梁）、柱、基础组成的横向平面排架（即沿跨度方向排列的排架），是厂房的主要承重体系。通过屋面板、支撑、吊车梁、连系梁等纵向构件将各横向平面排架联结，构成整体空间结构。

排架结构的屋面构件及吊车梁、柱间支撑等，都可由标准图集选定。排架柱及基础由计算确定，排架柱按偏心受压构件进行配筋。

（2）刚架结构

刚架是一种梁柱合一的结构构件，钢筋混凝土刚架结构常作为中小型单层厂房的主体结构。它有三铰、两铰及无铰等几种形式，可以做成单跨或多跨结构。

刚架的横梁和立柱整体浇筑在一起，交接处形成刚结点，该处需要较大截面，因而刚架一般做成变截面。钢架横梁通常为人字形（也可做成弧形）；为便于排水，其坡度一般取1/3～1/5；整个刚架呈“门”形（故常称为门式刚架），可使室内有较大的空间。门式刚架的杆件一般采用矩形截面，其截面宽度一般不小于200mm（无吊车时）或250mm（有吊车时）；门式结构刚架不宜用于吊车吨位较大的厂房（以不超过10t为宜），其跨度一般为18m左右。

（3）拱结构

拱是以承受轴压力为主的结构。由于拱的各截面上的内力大致相等，因而拱结构是一种有效的大跨度结构，在桥梁和房屋中都有广泛的应用。

拱同样可分为三铰、双铰或无铰等几种形式，其轴线常采用抛物线形状（当拱的矢高小于等于拱跨度的1/4时，也可用圆弧代替）。矢高小的拱水平推力大，拱体受力也大；矢高大时则相反，但拱体长度增加。合理选择矢高是设计中应充分考虑的问题。

拱体截面一般为矩形截面或I形截面等实体截面；当截面高度较大时（如大于1.5m），可做成格构式、折板式或波形截面。为了可靠地传递拱的水平推力，可以采取如下一些措施：①推力直接由钢拉杆承担。这种结构方案可靠，应用较多。由于拱下部的柱子不承担推力，柱所需截面也较小。②拱推力经由侧边框架（刚架）传至地基。此时框架应有足够的刚度，其基础应为整片式基础。③当拱的水平推力不大且地基承载力大、压缩性小时，水平推力可直接由地基抵抗。

第二节　建筑结构抗震设计及概念设计基本知识

一、多层砌体结构房屋抗震验算

地震发生时，在水平和竖直方向都有地震作用，在某些情况下还伴有扭转地震作用。由于砌体房屋高度不大，一般来说，竖直方向地震作用较小，可不进行竖向地震作用计算，对于地震的扭转作用，在多层房屋中也可不作验算，仅在进行建筑平面、立面布置以及结构布置时，尽量做到质量、刚度均匀，分布对称，以减少扭转的影响，增强抗扭能力。因此，对多层砌体房屋抗震验算，一般只需验算在纵向和横向水平地震作用下，纵横墙在其自身平面内的抗剪强度。

（一）地震作用

1. 底部总剪力

根据前面的讨论，计算多层砌体房屋的水平地震作用可以采用底部剪力法。由于多层砌体房屋的基本自振周期一般小于0.3s，地震影响系数均取最大值，即取 $\alpha 1=\alpha_{max}$，则可得到结构底部总水平地震作用的标准值：

$$F_{Ek}=\alpha_{max}G_{eq}$$

式中：α_{max}——水平地震影响系数最大值；

G_{eq}——结构等效总重力荷载代表值，按下式计算：

$$G_{eq}=G_1 \text{（单支点体系）}$$

$$G_{eq}=0.85\sum_{i=1}^{n}G_i$$

2. 各楼层的水平地震作用

考虑到多层砌体房屋的自振周期短，顶部附加地震作用系数 $\delta_n=0$，得到计算第i层水平地震作用标准值为

$$F_i=\frac{G_iH_i}{\sum_{i=1}^{n}G_iH_i}F_{Ek}$$

3. 楼层地震剪力

自底层算起，作用于第层的层间地震剪力Vi为i层以上各层地震作用之和，即

$$V_i=\sum_{i=1}^{n}F_j$$

对突出屋面的屋顶间、女儿墙、烟囱等的地震作用效应，以乘以增大系数3，以考虑鞭端效应，但此增大部分的作用效应不往下层传

递，即

$$V_n = 3F_n$$

（二）楼层地震剪力在墙体间的分配

按照前述的分析，多层砌体房屋应在纵横两个主轴方向分别考虑水平地震作用并进行验算，且横向地震剪力应由全部横墙承受，纵向地震剪力应由全部纵墙承受。

因此，楼层地震剪力的分配需在纵、横两个方向上分别进行计算。

1. 楼层地震剪力（V_i）在横墙上的分配

楼层地震剪力在横墙上的分配，不仅取决于每片墙体的层间抗侧力等效刚度，而且取决于楼盖的水平刚度。楼盖的水平刚度取决于楼盖的结构类型和楼盖的宽长比。对于横向计算，近似认为楼盖的宽长比保持不变，楼盖的水平刚度仅与楼盖的类型有关。楼盖的水平刚度不同，楼层地震剪力在横墙上的分配方法不同。

（1）刚性楼（屋）盖

现浇或装配整体式钢筋混凝土楼（屋）盖等称为刚性楼（屋）盖，地震时这种楼（屋）盖将使各墙体发生相同的水平位移。因此，这种楼（屋）盖的楼层地震剪力宜按各横墙的层间抗侧力等效刚度比（简称侧移刚度）进行分配。假定第层有道横墙，令第层第道横墙承担的地震剪力为 V_{im}，可按下式计算：

$$V_{im} = \frac{K_{im}}{\sum_{i=1}^{n} K_{im}} V_i = \frac{K_{im}}{K_i} V_i$$

式中：K_{im}——第层第道横墙的侧移刚度；

K_i——第层所有横墙的侧移刚度之和。

当一道墙由若干墙段组成时，各墙段应视其高宽比的不同而分别计算侧移刚度。

进行地震剪力分配和截面验算时，墙段的层间抗侧力等效刚度应按下列原则确定：

当墙段的高宽比 $\rho = h/b < 1$ 时，可只考虑剪切变形的影响，则侧移

刚度按下式计算：

$$k=\frac{Et}{3\rho}$$

式中：E——砌体的弹性模量；

t——墙厚。

当墙段的高宽比 $1<\rho=h/b<4$ 时，应同时考虑弯曲变形和剪切变形的影响，则侧移刚度按下式计算：

$$k=\frac{Et}{3\rho+\rho^3}$$

当墙段的高宽比时 $\rho=h/b>4$，可不考虑侧移刚度，取 $k=0$。

将一道墙各墙段算出的侧移刚度求和，可以得到该道墙的侧移刚度 K_{im}。

但是，当大部分墙段的高宽比时 $\rho=h/b<1$，为简化计算，可只考虑剪切变形，所有墙段侧移刚度均按下式计算，即

$$K_{im}=\frac{G_{im}A_{im}}{\zeta h_{im}}$$

式中：G_{im}——第 i 层第道横墙的剪切模量，一般取 $G=0.4E$；

A_{im}——第 i 层第道横墙的横截面面积，$A=bt$；

ζ——截面剪应力分布不均匀系数，对于矩形截面取 $\zeta=1.2$。

一般同层所用材料相同，墙段高度相同，即各墙段的 G_{im}，h_{im} 相同，各道墙体所分配的剪力可简化为

$$V_{im}=\frac{\dfrac{G_{im}A_{im}}{\zeta h_i}}{\sum\dfrac{G_iA_{im}}{\zeta h_i}}V_i=\frac{A_{im}}{\sum A_{im}}V_i=\frac{A_{im}V}{A}$$

上式表明，对于刚性楼（屋）盖，当各抗震墙的高度、材料相同时，其楼层水平地震剪力可按各个抗震墙的横截面面积比例进行分配。

（2）柔性楼（屋）盖

木楼（屋）盖等称为柔性楼（屋）盖。这种楼（屋）盖的楼层地震剪力 V_i，宜按各道横墙从属面积上重力荷载代表值的比例分配。第 i 层第 m 道横墙承担的地震剪力 V_{im}，可按下式计算：

$$V_{im}=\frac{G_{im}}{G_i}V_i$$

式中：G_{im}——第 i 层楼（屋）盖上第道横墙与其左右两侧相邻横墙之间各一半楼（屋）盖面积上所承担的重力荷载代表值之和；

G_i——第 i 层楼（屋）盖上所承担的总重力荷载代表值之和。

当楼（屋）盖上重力荷载均匀分布时，各横墙所承担的地震剪力可换算为按该墙与其两侧横墙之间各一半楼（屋）盖面积比例进行分配，即

$$V_{im}=\frac{F_{im}}{F_i}V_i$$

式中：F_{im}——第 i 层楼（屋）盖上第 m 道横墙与其左右两侧相邻横墙之间各一半楼（屋）盖面积之和；

F_i——第 i 层楼（屋）盖的总面积。

（3）中等刚性楼（屋）盖

装配式钢筋混凝土楼（屋）盖属于中等刚性楼（屋）盖，其楼（屋）盖的刚度介于刚性与柔性楼（屋）盖之间。这种楼（屋）盖楼层地震剪力分配的结果，可近似取上述两种分配结果的平均值，即

$$V_{im}=\frac{1}{2}\times\left(\frac{K_{im}}{K_i}+\frac{G_{im}}{G_i}\right)V_i$$

对于一般房屋，当墙高相同、所用材料相同、楼（屋）盖上重力荷载分布均匀时，也可为

$$V_{im}=\frac{1}{2}\times\left(\frac{K_{im}}{K_i}+\frac{F_{im}}{F_i}\right)V_i$$

2. 楼层地震剪力（V_i）在纵墙上的分配

对于多层砌体房屋来说，一般纵墙比横墙长得多，楼（屋）盖纵向刚度要远远大于横向刚度。不论何种楼（屋）盖，纵向都可视为刚性楼（屋）盖因此，地震剪力在纵墙间的分配，可按纵墙的刚度比进行，只是此时 K_{im} 的 A_{im}，分别为第层第道纵墙的侧移刚度和净面积。

3. 同一道墙各墙段间地震剪力的分配

求得某一道墙的地震剪力后，对于由若干墙段组成的该道墙，还应将地震剪力分配到各个墙段，以便对每一墙段进行承载力验算。同一道墙的各墙段具有相同的侧移，则各墙段所分担的地震剪力可按各墙段的侧移刚度比进行分配，即第 i 层第 m 道墙第 r 墙段所受的地震剪力为

$$V_{imr}=\frac{K_{imr}}{K_{im}}V_{im}$$

式中：K_{imr}——第 i 层第 m 道墙第 r 墙段的侧移刚度。

(三) 墙体抗震承载力验算

对于多层砌体房屋，可选择不利截面验算，可只选择承载面积较大或竖向应力较小的墙段进行截面抗剪承载力验算。

墙体抗剪强度验算的表达式，可从结构构件的截面抗震验算的设计表达式 $S=R/\gamma_{RE}$ 中导出，公式左侧的应为墙体所承受的地震剪力设计值，以 V 表示，R 为墙体所能承受的极限剪力，以 V_u 表示，则墙体抗剪强度验算的表达式为

$$V=\frac{V_0}{\gamma_{RE}}$$

式中：γ_{RE}——承载力抗震调整系数，自承重墙按 0.75 米用；对于承重墙，当两端均有构造柱、芯柱时，按 0.9 采用；其他墙按 1.0 采用。

V——墙体所承受的地震剪力设计值，按下式计算：

$$V=1.3V_K$$

V_K——墙体所承受的地震剪力标准值；

V_u——墙体所能承受的极限剪力，对于不同类型的墙体，计算公式有所不同。

二、多层砌体房屋抗震构造措施

在抗震设计中，除进行抗震承载力验算外，还应做好抗震构造措施。对多层砌体房屋进行多遇地震作用下的抗震验算可保证“小震不

坏、中震可修”。但一般不对多层砌体房屋进行罕遇地震作用下的变形验算，而是通过采取加强房屋整体性与加强连接等一系列构造措施来提高房屋的变形能力，确保“大震不倒”。

多层砌体房屋构造措施主要是通过合理地设置构造柱、圈梁以及加强构件之间的连接等来增强房屋的整体性。

（一）多层砖房抗震构造措施

1．构造柱设置

（1）构造柱的作用

试验表明，砌体墙增设构造柱后能提高砖混房屋的延性，发挥防止砖砌体侧向挤出塌落的约束作用。另外，在多层砌体房屋中合理地设置构造柱，能起到增强房屋整体性的作用，还可以利用其塑性变形和滑移摩擦来消耗地震能量，从而大大提高抗震能力。钢筋混凝土构造柱或芯柱的抗震作用在于和圈梁一起对砌体墙段乃至整幢房屋产生约束作用，使墙体在侧向变形下仍具有良好的竖向及侧向承载力，提高墙段的往复变形能力，从而提高墙段及房屋的抗倒塌能力，做到“裂而不倒”。

（2）构造柱的截面尺寸和配筋

构造柱最小截面可采用 180mm×240mm，纵向钢筋宜采用 42，箍筋间距不宜大于 250mm，且在柱上下端宜适当加密；抗震设防烈度为6度、抗震设防烈度为7度时超过六层、抗震设防烈度为8度时超过五层和抗震设防烈度为9度时，构造柱纵向钢筋宜采用 414，箍筋间距不宜大于 200mm；房屋四角的构造柱可适当加大截面及增加配筋。

（3）构造柱的其他要求

钢筋混凝土构造柱施工时，必须先砌墙后浇柱。构造柱与墙连接处应砌成马牙槎并应沿墙高每隔 500mm 设 26 拉结钢筋，每边伸入墙内不宜小于 1m。

构造柱与圈梁连接处，构造柱的纵筋应穿过圈梁，保证构造柱纵筋上下贯通。

构造柱可不单独设置基础，但应伸入室外地面下 500mm，或与埋深小于 500mm 的基础圈梁相连。

横墙内的构造柱间距不宜大于层高的 2 倍；下部 1/3 楼层的构造柱间距适当减小；当外纵墙开间大于 3.9m 时，应另设加强措施；内纵墙的构造柱间距不宜大于 4.2m。

2. 圈梁设置

（1）圈梁的作用

多次震害调查表明，圈梁可提高房屋的抗震能力，减轻震害，增强砌体房屋的整体刚度，降低由于地基的不均匀沉降或较大振动荷载等对房屋引起的不利影响，是多层砌体房屋的一种经济有效的防震措施。在多层砌体房屋中设置沿楼板标高的水平圈梁，可加强内外墙的连接，增强房屋的整体性。圈梁作为边缘构件，对楼（屋）盖在水平面内进行约束，可提高楼（屋）盖的水平刚度。圈梁与构造柱一起对墙体在竖向平面内进行约束，限制墙体裂缝的开展，使之不延伸超出两道圈梁之间的墙体，并减小其与水平面的夹角，从而保证墙体的整体性和变形能力，提高墙体的抗剪能力。圈梁还可以减轻地震时地基不均匀沉陷与地表裂缝房屋的影响，特别是楼（屋）盖和基础顶面处的圈梁具有提高房屋的竖向刚度和抗御一定不均匀沉陷的能力。现浇钢筋混凝土圈梁对房屋抗震有重要的作用，其功能如下：①圈梁和构造柱一起对砌体墙段乃至整幢房屋产生约束作用，提高其抗震能力；②加强纵横墙的连接，箍住楼（屋）盖，增强其整体性并可增强墙体的稳定性；③抑制地基不均匀沉降造成的破坏；④减轻和防止地震时的地表裂隙将房屋撕裂。

（2）圈梁的布置

圈梁的布置与抗震设防烈度、楼（屋）盖及墙体位置有关，具体布置应符合下列要求：①对于装配式钢筋混凝土楼（屋）盖或木楼（屋）盖的砖房，横墙承重时，应按要求设置圈梁；纵墙承重时，抗震横墙上的圈梁间距应比表内要求适当减小。②现浇或装配整体式钢筋混凝土楼（屋）盖与墙体有可靠连接的房屋，应允许不另设圈梁，但楼板沿墙体周边应加强配筋并应与相应的构造柱可靠连接。

（3）圈梁的截面尺寸与配筋

圈梁的截面高度不应小于 120mm。为加强基础整体性和刚性而增设的基础圈梁，截面高度不应小于 180mm，配筋不应少于 4ϕ12。

（4）圈梁的其他构造要求

圈梁应闭合，遇有洞口圈梁应上下搭接。圈梁宜与预制板设在同一标高处或紧靠板底。圈梁在规定的间距内无横墙时，应利用梁或板缝中配筋替代圈梁。

3. 楼（屋）盖及其连接

第一，现浇钢筋混凝土楼板或屋面板伸进纵、横墙内的长度，均不应小于 120mm。

第二，装配式钢筋混凝土楼板或屋面板，当圈梁未设在板的同一标高时，板端伸进外墙的长度不应小于 120mm，伸进内墙的长度不应小于 100mm 或采用硬架支模连接，在梁上不应小于 80mm。

第三，当板的跨度大于 4.8m 并与外墙平行时，靠外墙的预制板侧边应与墙或圈梁拉结。

第四，房屋端部大房间的楼盖，抗震设防烈度为 6 度时房屋的屋盖和抗震设防烈度为 7～9 度时房屋的楼（屋）盖，当圈梁设在板底时，钢筋混凝土预制板应相互拉结，并应与梁、墙或圈梁拉结。

（二）多层砌块房屋的抗震构造措施

1. 芯柱的构造要求

第一，混凝土小砌块房屋芯柱截面尺寸不宜小于 120mm×120mm。

第二，混凝土强度等级不应低于 Cb20。

第三，芯柱竖向钢筋应贯通墙身且与圈梁连接；插筋不应少于 1ϕ2，抗震设防烈度为 6、7 度时超过五层，抗震设防烈度为 8 度时超过四层和抗震设防烈度为 9 度时，插筋不应少于 1ϕ14。

第四，芯柱应伸入室外地面下 500mm，或与埋深小于 500mm 的基础圈梁相连。

第五，为提高墙体抗震承载力而设置的芯柱，宜在墙体内均匀布置，最大净距不宜大于 2.0m。

2. 设置钢筋混凝土构造柱

混凝土小砌块房屋中替代芯柱的钢筋混凝土构造柱，应符合下列要求：

第一，构造柱最小截面可采用 190mm×190mm，纵向钢筋宜采用 4ϕ12，箍筋间距不宜大于 250mm，且在柱上下端宜适当加密；抗震设防烈度为 7 度时超过五层、抗震设防烈度为 8 度时超过四层和抗震设防烈度为 9 度时，构造柱纵向钢筋宜采用 4ϕ14，箍筋间距不宜大于 200mm；外墙转角的构造柱可适当加大截面及配筋。

第二，构造柱与砌块墙连接处应砌成马牙槎，与构造柱相邻的砌块孔洞，抗震设防烈度为 6 度时宜填实，抗震设防烈度为 7 度时应填实，抗震设防烈度为 8、9 度时应填实并插筋。构造柱与砌块墙之间沿墙高每隔 600mm 应设 ϕ4 拉结钢筋网片，并应沿墙体水平通长设置。

第三，构造柱与圈梁连接处，构造柱的纵筋应穿过圈梁，保证构造柱纵筋上下贯通。

第四，构造柱可不单独设置基础，但应伸入室外地面下 500mm，或与埋深小于 500mm 的基础圈梁相连。

3. 设置钢筋混凝土圈梁

混凝土小砌块房屋均应设置现浇钢筋混凝土圈梁。圈梁宽度不应小于 190mm，配筋不应少于 4ϕ12，箍筋间距不应大于 200mm。

4. 砌块墙体之间的拉结

小砌块房屋墙体交接处或芯柱与墙体连接处应设置拉结钢筋网片，网片可采用直径 4mm 的钢筋点焊而成，沿墙高每隔 600mm 设置，每边伸入墙内不宜小于 1m。

5. 设置钢筋混凝土现浇带

混凝土小砌块房屋的层数，抗震设防烈度为 6 度时七层、抗震设防烈度为 7 度时超过五层、抗震设防烈度为 8 度时超过四层，在底层和顶层的窗台标高处，沿纵横墙应设置通长的水平现浇钢筋混凝土带；其截面高度不小于 60mm，纵筋不少于 2ϕ10，并应有分布拉结筋；其混凝土强度等级不应低于 C20。

6. 其他构造措施

小砌块房屋的其他抗震构造措施，如楼板和屋面板伸入墙内的长度、加强楼梯间的整体性等，与多层砖房相应要求相同。

第三节　建筑结构设计基本原理

一、设计基准期和设计使用年限

（一）设计基准期

结构设计所采用的荷载统计参数、与时间有关的材料性能取值，都需要选定一个时间参数，它就是设计基准期。我国所采用的设计基准期为50年。

（二）设计使用年限

设计使用年限是设计规定的一个时期。在这一规定时期内，房屋建筑在正常设计、正常施工、正常使用和维护下不需要进行大修就能按其预定目的使用。

显然，设计使用年限不同于设计基准期的概念。但对于普通房屋和构筑物，设计使用年限和设计基准期均为50年。

二、结构的功能要求、作用和抗力

（一）结构的功能要求

结构在规定的设计使用年限内，应满足安全性、适用性、耐久性等各项功能要求。

1. 结构安全性要求

在正常施工和正常使用时，能承受可能出现的各种作用。在设计规定的偶然事件发生时及发生后，仍能保持必需的整体稳定性。所谓整体稳定性，是指在偶然事件发生时和发生后，建筑结构仅产生局部的损坏而不致发生连续倒塌。

2. 结构适用性要求

结构在正常使用时具有良好的工作性能。如受弯构件在正常使用时不出现过大的挠度等。

3. 结构耐久性要求

结构在正常维护下具有足够的耐久性能。所谓足够的耐久性能，是指结构在规定的工作环境中，在预定时期内，其材料性能的恶化不会导致结构出现不可接受的失效概率。从工程概念上讲，就是指在正常维护条件下结构能够正常使用到规定的设计使用年限。

对于混凝土结构，其耐久性应根据环境类别和设计使用年限进行设计。耐久性设计应包括下列内容：①确定结构所处的环境类别；②提出材料的耐久性质量要求；③确定构件中钢筋的混凝土保护层厚度；④提出在不利的环境条件下应采取的防护措施；⑤提出满足耐久性要求相应的技术措施；⑥提出结构使用阶段的维护与检测要求。

根据不同的环境和设计使用年限，对结构混凝土的最大水灰比、最小水泥用量、最低混凝土强度等级、最大氯离子含量、最大碱含量等都有具体规定，以满足其耐久性要求。

(二) 作用和作用效应

1. 作用

作用指施加在结构上的集中力或分布力（称为直接作用，即通常所说的荷载）以及引起结构外加变形或约束变形的原因（称为间接作用）。本书主要涉及直接作用即荷载。

结构上的各种作用，可按下列性质分类。

(1) 按时间的变异分类

可分为永久作用、可变作用和偶然作用。

①永久作用

是指在设计基准期内量值不随时间变化，或其变化与平均值相比可以忽略不计的作用，如结构及建筑装修的自重、土壤压力、基础沉降及焊接变形等。

②可变作用

是指在设计基准期内其量值随时间而变化，且其变化与平均值相比不可忽略的作用，如楼面活荷载、雪荷载、风荷载等。

③偶然作用

是指在设计基准期内不一定出现，而一旦出现其量值很大且持续时间很短的作用，如地震、爆炸、撞击等。

（2）按随空间位置的变异分类

可以分为固定作用（在结构上具有固定分布，如自重等）和自由作用（在结构上一定范围内可以任意分布，如楼面上的人群荷载、吊车荷载等）。

（3）按结构的反应特点分类

可以分为静态作用（它使结构产生的加速度可以忽略不计）和动态作用（它使结构产生的加速度不可忽略）。一般的结构荷载，如自重、楼面人群荷载、屋面雪荷载等，都可视为静态作用，而地震作用、吊车荷载、设备振动等，则是动态作用。

2. 作用的随机性质

一个事件可能有多种结果，但事先不能肯定哪一种结果一定发生（不确定性），而事后有唯一结果，这种性质称为事件的随机性质。

显然，结构上的作用具有随机性质。像人群荷载、风荷载、雪荷载以及吊车荷载等，都不是固定不变的，其数值可能较大，也可能较小；它们可能出现，也可能不出现；而一旦出现，则可测定其数值大小和位置；风荷载还具有方向性。即使是结构构件的自重，由于制作过程中不可避免的误差、所用材料种类的差别，也不可能与设计值完全相等。这些都是作用的随机性。

3. 作用效应

由作用引起的结构或结构构件的反应，例如内力、变形和裂缝等，称为作用效应；荷载引起的结构的内力和变形，也称为荷载效应。

根据结构构件的连接方式（支承情形）、跨度、截面几何特性以及结构上的作用，可以用材料力学或结构力学方法算出作用效应。作用和作用效应是一种因果关系，故作用效应也具有随机性。

（三）抗力

结构或结构构件承受作用效应的能力称为抗力。

影响结构抗力的主要因素是结构的几何参数和所用材料的性能。由于结构构件的制作误差和安装误差会引起结构几何参数的变异，结构材料由于材质和生产工艺等的影响，其强度和变形性能也会有差别（即使是同一工地按同一配合比制作的某一强度等级的混凝土，或是同一钢厂生产的同一种钢材，其强度和变形性能也不会完全相同），因此结构的抗力也具有随机性。

第五章　建筑工程项目设计管理

第一节　项目设计管理任务

一、设计管理概述

（一）设计管理的概念

设计管理是指应用项目管理理论与技术，为完成一个预定的建设工程项目设计目标，对设计任务和资源进行合理计划、组织、指挥、协调和控制的管理过程。

设计管理基于工程设计的特性，决定了设计管理具有自身特定的内涵。不同管理主体在项目建设中不同的角色和地位，赋予设计管理的内涵与侧重也有所不同。在工程建设实践中，除了相关参与方，设计管理的核心主体为业主方和设计方。因此，在工程项目管理中按照管理主体划分，设计管理可分为业主方的设计管理和设计方的设计管理。本手册的“设计管理”主要指向是业主方（建设单位）的建筑工程项目的设计管理。

1．业主方的设计管理

业主方的设计管理有它自身的规律与特征，包括其管理层面、特点、内容、要求和侧重面等。它是业主（建设单位及其委托的项目管理单位）项目管理结构框架中一个的重要的专业性工作单元，项目管理基本职能融贯于设计管理工作，设计管理在项目建设实施中居于先行的主导地位。业主方的设计管理不仅仅限于项目设计阶段的设计过程管理，而且贯穿于项目建设的全过程。因此，它更是业主（建设单位及其委托的项目管理单位）项目管理的“战略要地”之一。

2. 设计方的设计管理

设计方的设计管理主要是指设计组织以管理学的理论和方法对团体设计活动的组织与管理，即设计管理是设计单位在设计范畴中所实施的管理活动。设计管理包括设计和管理两方面：设计需要管理，管理必须设计。因此，设计方的设计管理是设计与管理结合的产物。尤其在当今，国际化、社会化、市场化下的“设计”已不再含义单一，它包含了更多更全面的内容，提出了更高更科学的管理要求。设计要有价值，要有市场竞争力，那就必须引入现代化科学管理。有效的设计管理成为设计组织机构整个经营战略中必不可少的一个重要部分。

（二）设计管理的核心任务

建设项目管理的质量控制、投资控制和进度控制是设计管理的三项基本内容。因此，项目设计管理的核心任务是项目设计管理各阶段的目标控制。即以工程项目管理的基本职能，通过系统化管理制度与方法，对与项目设计相关的一系列活动进行全方位的计划、协调、监督、控制和总结评价，与业主、设计单位、政府有关主管部门、承包商以及其他项目参与方建立全面良好的协作关系，从而切实保证建设工程项目设计管理各阶段的质量、投资、进度目标得到有效控制，实现建设项目规定的目标。具体来说，可以分为以下三个方面。

①保障工程项目的安全可靠性，防止设计失误、投资浪费；②保证工程项目的适用性，使工程项目既有使用功能，又有美观效果；③保证工程项目的经济性，使工程项目在安全可靠和适用的前提下，做到造价低、不浪费，建成后经济效益好，这就要求设计单位要挖掘设计潜力，优化设计。

（三）工程项目设计管理的主要工作

1. 建立设计管理组织

一是由建设单位自己组织班子；二是委托监理单位负责设计工作监理。

2．编制“设计要求”文件

组织各专业技术人员（监理工程师）提出各专业设计的指导原则和具体要求，修订汇总，形成“设计要求”，提交建设单位（业主）认可。在设计单位选定后，将“设计要求”交给设计单位，工程设计合同一旦签订，“设计要求”就成为设计监督和审核的依据。“设计要求”一般包括：①编制依据；②技术经济指标；③城市规划的要求；④设计结构要求；⑤设备设计要求；⑥安全技术要求等。

3．组织设计方案竞赛

为便于择优选定设计单位，可以分别组织工程项目总体规划设计方案和个体建筑设计方案竞赛。①设计竞赛与工程设计招标不同，设计单位只需提供设计方案，不必提供设计深度和报价。竞赛中奖者可以得到奖金，未中奖者可以得到工作补偿。如果业主选用中奖者设计方案而另外委托其它设计单位设计时，应给中奖者适当补偿；②设计方案的预审和评审，要吸收专业人员参加，认真复核预选的设计方案的技术经济指标及其合理性，提出优缺点，最后确定中选结果，并以书面形式通知。

4．工程设计招标

运用竞争机制选择设计单位的好办法。

（1）进行工程设计招标必须具备的条件：①具有经过审批机关批准的设计任务书；②具有开展设计必需的可靠基础资料；③成立招标机构；④招标申请已经行政监督管理部门批准。

（2）工程设计招标的方式，有邀请招标和公开招标两种，其程序与工程招标一样。

（3）工程设计招标的评标与中标。①认真审查投标单位的设计资质，有必要时可以做调查核实；②从开标到定标一般不超过1个月。中标的标准应该是设计方案最优、设计进度快、设计资历和社会信誉高；③中标单位确定后，发出中标通知书，并与之商签工程设计合同。

5．工程设计跟踪与设计文件验收工程设计

合同签订后，工程设计管理的工作就是督促设计单位按合同规定按期交付设计施工图纸。

（1）跟踪监督。跟踪监督的目的，主要是及时发现问题，提醒修正，对理解有出入的问题进行磋商，达成一致，形成纪要。①使用功能和技术方面的要求；②投资控制和经济方面的要求；③检查设计进度，敦促设计单位解决拖后的问题，以保证按期供图，不影响施工进度。

（2）设计文件验收。设计文件验收主要是检查提交的设计文件是否齐全，一般包括：①整体工程项目的设计文件，要有设计总说明、包括各子项的平面图（矿井项目要有井田开拓、井筒位置、巷道布置、采区布置等有关图纸）、建筑物一览表、各子项专业图纸；②单位工程设计文件，要有项目说明，总平面布置图、各专业图纸；③各专业均要有专业的设计说明和设备选型、设备安装图、材料汇总表；④图集目录；⑤设计概算编制说明，总概算书、综合预算书、单项工程概算书和设备材料汇总表。上述文件经各专业审核后，逐一清点签收。

6. 日常的设计行政联络

一个大型项目，设计任务不是集中一段时间可以完成的，特别是煤矿矿井项目的施工图设计。在这种情况下，日常的设计行政联络工作就比较繁重。

（1）设计进度平衡，对边设计边施工的项目，设计进度影响施工进度，平衡的手段就是加强联络。

（2）施工中发现设计遗漏或不合理，需变更设计，联络工作就是及时会商。

（3）材料、设备代用，也是联络会商的内容之一。

（4）每一次会商后都应该就达成的意见形成会议纪要。

第二节　项目设计管理目标

一、项目设计管理目标的内涵

建设工程项目设计管理目标是：从建设工程项目投资者角度出发，

根据建设工程项目的功能需求和建设条件，对建设工程项目设计进行有效管理，以期既符合投资者的利益要求，又符合相关政策和法律、法规的规定，为项目实施阶段创造有利的前提条件；确保建设工程项目设计质量和设计文件质量；确保设计进度符合项目建设总工期和施工进度的要求；合理控制建设工程项目总投资，力争通过设计优化有效降低项目总投资。

二、项目设计管理目标的关系

每个工程项目目标都难以孤立存在，不同的目标之间存在矛盾关系，有些目标甚至是“牵一发而动全身”。这里以工程项目三大目标之间的关系为例进行讲解。

一般来说，工程项目管理是在限定的时间内，在限定的资源（资金、劳动力、设备材料等）条件下，以尽可能快的进度、尽可能低的费用（投资或成本）完成项目任务。因此，工程项目管理的 3 个主要目标是质量（功能、生产能力等）目标、进度（工期）目标和成本（投资、费用）目标。三大目标在建设周期内有着密切的对立与统一关系。

（1）它们构成项目管理的目标系统。在很多情况下，为实现其中一个目标，就得牺牲其他两个，即三者存在对立的一面。例如，考虑缩短项目工期，必须增加资源投入，相应地会增加项目成本。如果不采取任何防范措施，则项目质量会下降。

（2）它们相互联系、相互影响，构成不可分割的整体。任何强调最低质量、成本和费用的做法都是片面的。例如，适当提高项目质量标准（功能要求），会造成投资和建设工期的增加，但能够节约项目投入使用后的运营成本和维修费用。

（3）它们的对立统一关系，不仅仅体现在项目总体上，而且反映在项目构成的各个单元上，以及项目管理目标的基本逻辑关系上。

如今，工程项目管理的目标已悄然变化。除了传统的三大目标（质量、进度和成本），人们对工程项目管理的诉求越来越多，其中很重要的一点就是要反映用户满意度。任何工程项目建设的终极目标就是要使用户满意，使用户能够接受完成的项目。用户处于整个项目的核心位置，如果项目不能被用户接受，则意味着项目失败。此外，可持续发展要求工程项目管理要注意在经济、社会、环境3个方面保持平衡。当前，投资者大多重视工程项目的经济效益，对可持续性考虑不足，不利于工程项目发挥其社会和环境效益，还可能导致无法挽回的人身伤亡和财产损失。

由于项目目标是工程项目管理实施规划的核心，且在策划阶段直接确定后面一系列的目标，决定着项目成败，因此，工程项目管理人员在确定项目目标时务必十分慎重。

第三节　项目设计管理阶段划分

一、项目设计管理

设计管理工作伴随着项目建设的始终，但按其规律和项目管理的实际需要，也应划分阶段，以利设计管理工作科学、合理、有序地进行。

按现行《建设工程项目管理规范》规定，项目设计管理按项目建设周期流程可依次分为以下四个阶段。

（1）前期（分析决策）阶段。包括项目投资机会探究、意向形成、项目建议提出、建设选址、可行性研究、项目评估以及设计要求提出等分析决策过程。

（2）设计阶段。主要是设计过程，包括设计准备、方案设计、初步设计、施工图设计以及会审、送审报批等。本阶段的设计过程管理是项目设计管理的重点。

（3）施工阶段。包括设计交底、协助设备材料采购、现场设计配合服务、设计变更、修改设计等过程。

（4）收尾阶段。包括参与竣工验收、竣工图纸等文件整理和归档、设计回访与总结评估等过程。

二、设计管理与项目管理的关系

（一）项目管理系统理论与方法融贯于设计管理

工程设计的特性决定了设计管理具有自身的专业要素、特点、要求和侧重面。但就工程项目管理职能而言，项目管理目标、计划、控制等系统理论与方法同样适用于项目的设计管理，其投资控制、进度控制、质量控制、安全管理、合同管理、信息管理、沟通管理和组织协调等基本职能也融贯于设计管理之中。就组织机构而言，项目设计管理部门也只是项目管理组织中的一个专业性职能部门。

（二）设计管理直接关系到项目整体目标的实现程度

尽管设计管理与项目管理之间是整体和局部、主和从的关系。但设计管理这个充满专业特性的工作包的核心是通过建立一套沟通协作的系统化管理制度，解决项目全过程中业主（建设单位）与设计单位、政府有关规划、建设等主管部门、施工单位、监理单位以及其他项目参与方的组织、协作和沟通问题，按建设项目整体目标达到项目的经济、技术和社会效益的平衡。因此，这个工作包的效能强弱、业绩优劣，直接关系到项目整体目标的实现程度。

（三）设计管理贯穿于项目管理的全过程

项目的工程设计往往不能简单地划为项目实施的一个单纯阶段，而是贯穿于项目建设的全过程。设计管理有自身的规律，它不仅仅限于项目设计阶段的设计过程管理，更是践行于建设项目从立项选址，可行性研究，勘察设计，开工准备，施工，竣工验收，直至后评估阶段，即基本上贯穿于建设项目管理的全过程。

（四）设计过程管理是项目管理的关键性环节

设计阶段在项目周期中是一个非常重要的阶段，设计阶段的设计管理主要是设计过程管理。设计过程是成就设计成果，实现项目策划、实施和运营衔接的关键性环节，也是项目实施阶段的“龙头”，它在一定程度上决定着建设项目目标的实现和整个项目管理的成功与否。因此，设计过程管理在项目管理整体中居于重要的地位。

第六章　建筑工程项目设计目标控制

第一节　建筑工程设计前期工作

项目前期是项目的孕育阶段，关系到拟建项目的“先天”条件的优劣，对整个项目系统有决定性的影响。项目前期的核心是项目分析策划、立项决策。在项目前期项目主持方构建项目意图，明确项目目标；制订项目管理实施方案，明确项目管理工作权责和流程。作为项目管理的专业性设计管理始终参与项目前期主体工作之中。其中，建筑策划嵌入项目前期策划与设计之间，作用于项目前期立项决策文件编制和项目设计的直接指导。因此，项目前期的设计管理可理解为设计管理前期工作或项目设计前工作阶段。

一、项目前期概述

（一）项目前期概念

项目前期，按工程建设项目生命周期即为分析决策阶段，是指一个建设项目从提出建设的设想，提出项目建议，获批立项，继而进行分析研究论证并作出投资决策，最终报批获准确立的工作阶段。项目前期是项目主持方构建项目意图，明确项目目标的重要阶段。

项目前期的时间范畴涵盖从项目建设意向产生开始的项目决策阶段全过程至设计要求文件提出为止的项目实施阶段。它也是制订项目管理实施方案，明确项目管理工作任务、权责和流程的重要时期。因此，建设项目前期阶段也可理解为设计前期工作阶段。

(二) 项目前期的分析决策是业主实现项目建设目标的战略先导

建设项目的确立是一个极其复杂同时又是十分重要的过程。项目前期分析决策对工程质量的影响主要是通过项目可行性研究和项目评估，对项目的建设方案作出决策，确定工程项目应达到的质量目标和水平。

项目前期是项目的孕育阶段，关乎拟建项目的“先天”条件的优劣。它对项目的整个生命期，对整个项目系统有决定性的影响。因此，项目前期的分析决策是业主实现项目建设目标的战略先导。要取得项目的成功，必须在项目前期策划阶段就进行严格的项目管理。

(三) 项目前期工作的责任人和承担者

项目前期工作的责任人是项目法人——业主。由于项目前期工作任务对建设法规、政策意识要求严，系统性强，技术含量高，所以，尽管目前项目前期的工作只能由项目主持方承担，但项目前期主要工作一般多由业主委托或聘请的工程项目管理（工程咨询）企业或专业人员来承担完成。

在这阶段，工程项目管理（工程咨询）企业或其专业人员的主要工作是代理或协助业主完成上述流程的工作。因此，设计前期工作的优劣，主要靠从事该专业，接受该工作任务的团队的精神和专业技术资源，以及从事项目咨询管理和设计工作经验的积累，从宏观的实践中，得到微观的建筑感知和能预见到成果的发展能力来完成前期工作。

目前，我国专业化工程项目管理（工程咨询）行业已进入建筑市场，并对外开放。同时，中国的注册工程管理咨询师和注册建筑师制度都要求我国执业注册师能全面掌握国内外的基本建设程序及内容，以便与国际建筑市场接轨。尽管各国的建筑体制及营造方式有所不同，但就其总体而言，在市场经济运行体制的国家中，其建筑营造方式（包括设计前期管理）又有通用的一些方面。因此，工程项目前期管理工作前景广阔。

二、项目前期设计管理的主要工作

项目前期的主要工作是前期策划，包括环境调查分析和项目决策策划（含项目构思和实施策划）。项目前期的任务主要是落实能对拟建项目编制提供按国家法律法规及政策，可靠性高、各项指标完善、远近分期明确的项目前期文件。项目前期工作的优劣决定着项目建设目标成果的丰硕与否。所以项目管理者，特别是决策者对这个阶段的工作应有足够的重视。

项目前期设计管理的主要任务是从系统的角度出发，以建设策划的方式参与其事。特别是项目的技术方案，应体现出较高的政策性、技术性，较实际的经济性，以达到较准确地控制拟建项目设计等后续实施阶段进程的目的。项目前期的设计管理一般有以下主要工作。

（1）参与项目前期策划，包括环境调查分析和项目决策策划；

（2）以建筑策划为主参与拟建项目项目构思和分析决策；

（3）编制项目建议书，提出并报批；

（4）参与拟建项目的建设地址选择、论证，编写选址报告，申请建设项目选址意见书；

（5）参与拟建项目可行性研究，编制可行性研究报告并报批；

（6）可行性研究报告批准，项目列入国家预备项目计划后，进一步做好年度建设计划工作；对于外商投资项目，需报国务院商务部外贸主管部门审批，批准后，办理相关登记手续；

（7）参与组织项目评估，编制项目评估报告并报批；

（8）检查项目建设外部条件的落实情况，包括环保、人防、消防、抗震、交通道路、安全、卫生等各专项和供水、排水、供电、供气、供热、通信、建筑智能化等配套项的征询、审批等前期手续的办理；

（9）取得规划设计条件，参与申办建设用地规划许可证；

（10）配合项目部做好前期合同管理、沟通协调和信息管理等工作。

三、项目前期策划

（一）项目前期策划概述

1. 项目策划

所谓策划是指为完成某一任务或为达到预期的目标，根据现实的各种情况与信息，判断事物变化的趋势，围绕活动的任务或目标，对所采取的方法、途径、程序等进行周密而系统的全面构思、设计，选择合理可行的行为方式，形成正确的决策和高效的工作。

项目策划是指根据建设项目业主总体目标要求进行项目策划，通过对建设项目进行系统分析，对建设活动的整体战略进行运筹规划，对项目建设和管理活动过程作预先的考虑和设想，整合并集约利用资源和展开项目运作，为保证项目完成之后获得满意可靠的经济效益、环境效益和社会效益提供科学的依据。项目策划是为使项目主持方的工作有正确的方向和系统的目标，也能促使项目设计有明确的指向并充分体现项目主持方的项目意图。

建设项目策划可分为项目前期决策策划和项目实施策划。项目决策策划在项目分析决策阶段进行，为项目的决策服务；项目实施策划在项目实施阶段的早期进行，为项目的实施服务。项目策划必须以国家及地方的法律、法规和有关政策方针为依据，结合经济社会发展变化的环境和所在地的建设条件进行，还必须符合建设地区城乡规划的要求。

2. 项目前期策划

项目前期策划是指在项目前期，通过收集资料和调查研究，在充分占有信息的基础上，针对项目的决策和实施，进行组织、管理、经济和技术等方面的科学分析和论证。

项目前期策划是对拟实施项目的一种早期预测，因而也是整个项目策划工作的重要部分，应贯穿项目策划的全过程。项目前期策划是项目管理的一个重要的组成部分。国内外许多项目成败的经验教训证明：项目前期的策划是项目成功的前提。项目前期的策划提前为项目实施形成良好的工作基础、创造完善的条件，使项目实施在定位上完整清晰，在技术上趋于合理，在资金和经济方面安排周密，在组织管理方面有一定的柔性，从而保证项目具有充分的可行性，能适应现代化的项目管理的要求。因此，项目前期的策划是项目成功的前提。

根据策划目的、时间和内容的不同，项目前期策划分为项目决策策划和项目实施策划。项目决策策划和项目实施策划工作的首要任务都是项目的环境调查分析。

（二）项目前期策划主要任务

项目前期策划主要任务是为使项目主持方工作有正确的方向和系统的目标，也能促使项目设计有明确的指向并充分体现项目主持方的项目意图。一般而言，项目策划的主要内容如下。

1. 项目决策策划

项目决策策划最重要的任务是定义开发或者建设什么，其效益和意义如何。具体包括项目功能、规模和标准的明确，项目总投资和投资收益的估算，以及项目进度规划的制定。项目决策策划因项目的不同情况也有所不同。一般而言，项目决策策划的工作包括：

（1）项目产业策划。根据项目环境的分析，结合项目投资方的项目意图，对项目拟承载产业的方向、产业发展目标、产业功能和标准的确定和论证；

（2）项目功能策划。包括项目目的、宗旨和指导思想的明确，项目规模、组成、功能和标准的确定等；

（3）项目经济策划。包括分析项目建设的投资财务分析，所需费用（工程造价）和经济效益，编制投资估算，制订融资方案等；

（4）项目技术策划。包括技术方案分析和论证、关键技术分析和论证、技术标准和规范的应用和制定等。

2. 项目实施策划

项目实施策划的核心任务是定义如何组织项目的实施。由于策划所处的时期不同，项目实施策划任务的重点和工作重心以及策划的深入程度与项目决策阶段策划任务有所不同。一般而言，项目实施策划的工作包括：

(1) 项目组织结构策划。项目的组织策划包括两层含义，其一是指针对项目的实施方式以及实施过程建立系统化、科学化的工作流程组织模式；其二是指为了使项目达到既定的目标，使全体参加者经分工与协作以及设置不同层次的权利和责任制度而构成的一种人员的最佳组合体，它包括：项目的组织结构分析、选择合理的项目管理机构组织形式、制定实施阶段的工作流程、任务分工以及管理职能分工和项目的编码体系分析等。

(2) 项目目标控制策划。工程项目的目标包括投资、质量和进度三大目标以及安全、环境保护等目标。工程项目的目标控制就是通过对工程项目实施过程中影响工程目标的各种因素进行分析，采取科学的方法和手段对工程目标进行有效控制，使工程目标达到预期的要求，保证项目在投资计划值（投资费用总额）下按时按质完成，并顺利运营。它包括：项目分析目标控制的过程和环节、调查目标控制的环境、确定目标控制的原则、制定总投资规划纲要、制定总进度规划纲要、制定质量规划纲要等。

(3) 项目合同结构策划。现代工程项目是一个复杂的系统工程，项目参与方众多，涉及的合同种类和数量较多，合同履行出现问题，就会影响和殃及其他合同甚至整个项目的成功。因此，合同关系是项目管理中的重要关系。为了有效地对合同进行管理，需要对项目进行合同分解，建立合同分解结构，这包括合同类型、合同分项等。诸如确定项目管理委托的合同结构，确定设计合同结构方案、施工合同结构方案和物资采购合同结构方案，确定各种合同类型和文本的采用等。

(4) 项目信息流程策划。信息协调关系是项目管理领域中的重要关系，项目实施过程中会产生巨大的信息量，信息内容及其来源也十分复杂，能否有效地做好信息交流与沟通方面的工作将直接影响项目管理工作的成败。该工作主要包括明确项目信息的分类与编码、项目信息流程图、制定项目信息流程制度和会议制度等。

（5）项目实施技术策划。在工程项目建设周期中，无论处于哪个阶段，都离不开工程技术的支撑，尤其是现代大型复杂工程项目，新型技术含量高，约束条件多，故务必针对实施阶段的技术方案和关键技术进行深化分析和论证，明确技术标准和规范的应用与制定。

第二节　建筑工程设计进度控制

一、设计进度控制概述

（一）设计进度控制的概念

设计进度是指设计活动的顺序和时间安排、活动之间的相互关系、活动持续时间和活动的总时间。设计进度控制是指在设计阶段对设计进度的控制活动，即在设计阶段为实现项目进度目标，进行的预测、跟踪、检查、比较、纠偏、修正、评估等控制活动。设计进度是建设项目进度的组成部分，也是设计合同的主要条款之一。设计进度控制是涉及多方面交叉因素的综合复杂的设计管理工作。

（二）设计进度对项目总进度的影响

设计进度对项目建设后续设计文件报批送审、招投标、设备和材料采购、施工和其他环节的开展有直接影响，即设计进度直接关系到项目总进度目标的实现。影响项目总进度的成因通常有：

（1）项目设计的各阶段设计出图时间超过计划时间；

（2）设计文件存在完整性、准确度及深度等方面质量缺陷，不符合后续工作要求；

（3）设计文件中的建筑、结构与设备各专业之间接口技术协调欠缺；

（4）设计变更频繁，设计调整过程时间过长；

（5）设计服务不及时等。

(三) 业主方和设计方的进度控制任务

参与项目的各方主体都有进度控制的任务，其控制的目标和时间范畴则是不相同的。在项目设计管理中，业主方和设计方是设计管理的主要角色，对于设计进度控制既有一致，也有差异。

业主方项目进度管理应对项目总进度和各阶段的进行管理，体现设计、采购、施工合理交叉，相互协调的原则。业主方设计进度控制是项目总进度控制的重要内容。设计进度控制是保证项目各要素相互协调与连贯一致所需要的综合管理过程。

业主方在设计阶段的设计进度控制任务主要是控制项目的设计进度。包括按项目设计合同和进度计划要求提供符合质量目标要求的各阶段设计文件和及时的设计服务等，满足施工和物资采购招标和实施等的进度要求，以保证整个项目总进度目标的实现。

设计方进度控制的任务是履行设计合同义务，按约控制该项目的设计工作进度，按时完成各阶段设计文件编制，保证设计工作进度和施工与物资采购等工作进度相协调。

(四) 设计进度控制的程序

建设项目是在动态条件下实施的，因此进度控制也就必须是一个动态的管理过程，它包括进度目标的分析和论证，在收集资料和调查研究的基础上编制进度计划和进度计划的跟踪检查与调整。

项目组织及其设计管理部门的设计进度控制程序如下。

(1) 分析和论证设计进度控制目标；

(2) 编制设计进度控制计划；

(3) 设计进度控制计划交底，落实责任；

(4) 实施设计进度控制计划，跟踪检查，对设计各阶段进度实施动态控制；

(5) 对存在的问题分析原因并纠正偏差，必要时调整进度计划；

(6) 编制设计进度报告，报送项目组织管理部门。

二、设计进度控制目标和计划

（一）设计进度控制目标

设计进度控制目标是项目建设进度目标的分目标之一。设计合同中规定出提交设计文件的最终时间，即为设计进度控制的计划目标时间。

1. 拟定设计控制进度目标的依据

拟定设计控制进度目标的主要依据有以下内容。

（1）项目建设总进度目标对设计周期的要求；

（2）项目的技术复杂与先进程度；

（3）设计工期定额；

（4）类似工程项目的设计进度；

（5）设计委托方式，参与设计单位情况等。

2. 设计进度控制目标分解

工程设计过程虽然错综复杂，但总是由若干阶段、若干专业的若干工作流所组成。设计过程是一个循环往复的过程，工作流的每个具体任务指向的工作成员，按照规定的职责，运用专业技术和其他工具，在规定的时间（周期），实施专业的技术操作，经过规定的校审后流入下一个任务环节。

为了有效地控制设计进度，需要将项目设计进度控制目标按设计阶段和专业进行分解，从而构成设计进度控制从总目标到分目标的完整目标体系。

（1）设计进度控制分阶段目标

建筑工程设计主要包括：设计准备、初步设计（或扩初设计）、技术设计（如有）、施工图设计阶段，为了确保设计进度控制目标的实现，应明确每一阶段的进度控制目标。一般而言，设计阶段可按设计过程将项目目标分解为设计准备、方案设计、初步设计、施工图设计这些进度目标，即应用目标分解原理，按设计过程各阶段的工作内容，制定相应的设计阶段时间目标，成为设计进度控制分目标，使各阶段设计在时间上环环相扣，形成续不脱节的“设计进度链”。例如，施工图设计进度分目标应根据设计合同规定的施工图设计文件提交的时间为依据，编制施工图设计的进度计划，其中包括确定各项专业施工图设计的开始时间、持续时间、完成时间、提交图纸及审批时间，以此确定施工图设计各项任务的进度计划目标，作为控制施工图设计进度的分目标。

(2) 设计进度控制分专业目标

为了有效地控制设计进度，还可以将各阶段设计进度目标具体化，进行进一步分解，即分专业分解。一般可将项目标分解为场地（规划、总体)、建筑、结构、设备、市政、绿化景观等专业进度目标。例如，民用建筑施工图设计通常以建筑设计为先导，而后跟进结构设计、设备设计和施工图预算，由此，构成分专业设计时间目标。在设计实践中、有时为了合理缩短设计工期，也有配套专业设计交叉进行的安排，这样，业主方可按项目总进度计划的需要，将设计分专业目标再细分，如结构专业可分解为基础设计时间目标、上部主体结构设计时间目标等。

(3) 设计进度控制计划的内容

设计阶段的进度控制计划是在设计单位提交的设计进度计划基础上编制的。一般而言，设计单位中标后应编制的设计进度计划包括如下内容：设计总进度计划、设计准备工作计划、阶段性设计进度计划和设计分专业进度计划等。

由于设计委托方式、招标标的、项目类别、规模及技术复杂程度、投标人类别、设计单位的资质类型与等级等因素差异，其所承担的设计任务各不相同。如大型技术复杂项目的方案设计通常单独招标委托，有技术设计阶段；设计联合体的方案设计与施工图设计往往在体内分工；设计合作中常见的专业设计分包；设计方案优化任务纳入初步设计（或扩初设计）阶段。

三、设计进度控制要点

（一）设计进度的影响因素和约束条件

在设计过程中，可能影响设计进度的因素和约束条件一般来自政府部门、业主方、设计方以及一些不可预见性因素。主要包括以下内容。

1. 业主方可能影响设计进度的因素

业主方可能影响设计进度的因素通常有：

（1）决策滞后；

（2）设计委托方式选择不合适；

（3）设计管理经验少，职能管理不到位，设计专业知识贫乏，以致与设计方之间缺失话语权，或对话不畅、语焉不详；

（4）设计意图、设计要求表达不到位或逻辑性欠强，设计过程中多有反复答疑、补充和改变；

（5）设计基础资料提供不及时，主要设备选型意向延迟，对设计文件确认不及时或时间过长和沟通协调不充分；

（6）送审报批不及时等。

2. 设计方可能影响设计进度的因素

设计方可能影响设计进度的因素通常有：

（1）设计任务饱满；

（2）设计管理制度或责任约束机制缺失，管理水平较低；

（3）设计方因与业主方市场地位、认知角度、设计理念的差异，对业主方的设计要求理解不一；

（4）设计人员对设计任务的熟悉程度低；

（5）设计人员职业操守坚守程度较低，责任意识不强；

（6）设计程序失常，设计各专业之间协调配合状态不良，相互牵制；

（7）设备选用、材料代用的失误；

（8）项目特殊专业要求或新技术采用，技术谈判有矛盾等。

3. 政府部门可能影响设计进度的因素

政府部门可能影响设计进度的因素通常有：

（1）施工图审图机构任务繁冗、专业人员实际配备失实，工作效率低，审查时间过长；

（2）设计文件审查的程序或办法尚欠便捷流畅，管理职责不够清晰，服务意识淡薄或责任性弱化致使制度执行不力；

（3）对设计文件批复延迟不决或设计文件送审报批反复等。

（4）内外部资源和项目配套、社会协作等约束条件。

（5）出现法规政策发生变化，设计各参与方人员变故，工程勘察因故遇阻等不可预见性情况。

（二）对设计单位进度控制的要求

1. 进度控制的关键节点

（1）初步设计及技术设计文件的提交时间。

（2）关键设备和材料采购清单的提交时间。

（3）施工图设计文件的提交时间。

（4）各专业设计的进度协调。

（5）设计进度与施工进度的协调。

（6）设计总进度时间。

2. 设计进度控制的措施

（1）按设计合同的设计进度的条款编制设计进度计划。在编制设计总进度计划、阶段性设计进度计划和设计进度作业计划时，加强与业主方及相关参与方的协作与配合，使设计进度计划切实可行、积极可靠。

（2）及时提供设计进度计划给业主方，以利于业主方制定控制进度计划和项目进度总目标的协调。

（3）设计单位应严格执行已经双方确认的项目设计进度计划，设置进度控制人员控制进度，实行设计人员设计的进度责任制，满足计划控制目标的要求。

（4）组织对全部设计依据等设计基础资料及其数据进行检查和验证，必要时报项目业主确认后实施。

（5）在设计过程中认真实施设计进度计划，定期检查计划的执行情况，力争设计工作有节奏、有秩序、合理搭接地进行。并及时采取有效的纠偏措施对设计进度进行调整，使设计工作始终处于可控状态。

（6）建立正确的设计服务观念，接受建设单位和监理机构的监督。

设计单位各专业负责人除按时完成全部设计文件编制任务外，还应满足业主对设计文件的需求评审、设计文件技术交底、采购过程中的技术指导、设计现场施工配合、试运行和竣工验收等工作的要求。与建设单位、施工单位搞好上述设计服务工作进度协调，确保项目计划进度目标的实现。

3．设计进度报告

设计单位应当向业主方提交每月的设计进度报告。进度报告是设计单位对当月设计工作情况的小结，它应当包括以下内容。

（1）设计所处阶段；

（2）建筑、结构、水、暖、电等各专业当月设计内容和进展情况；

（3）业主方设计变更对设计的影响；

（4）设计中存在的需要业主方决策的问题；

（5）需提供的其他参数和条件；

（6）拟发出设计文件清单；

（7）如出现进度延迟情况，需说明原因及拟采取的纠偏或加快进度措施；

（8）对下个月进度的评估等。

第三节　建筑工程设计质量控制

一、项目设计质量控制的基本要素

（一）项目设计质量控制的目的

设计质量控制的目的是使项目设计过程及其成果的固有特性达到规定的要求，即提供满足业主需要的，符合国家法律法规、建设方针、设计原则、技术标准及设计合同约定的设计成果和服务，实现设计的质量目标。

项目的质量目标与水平，是通过设计使其具体化的。设计质量的优劣，直接影响项目的功能、使用价值和综合效益。设计质量控制，是项目质量的决定性环节，也是顺利实现项目建设“三大目标”重要组成部分。

（二）设计质量控制的内容和过程环节

（1）设计质量控制的内容。设计质量控制的内容是指为达到项目设计质量要求所采取的专业技术和管理技术两个方面的作业活动。即在明确的、一定的条件下，通过计划、实施、检查和监督，进行项目设计质量目标的动态控制，从而达到项目业主的设计质量要求和设计依据文件规定的质量标准，进而实现预期质量目标的一系列专业化技术管理活动。

（2）设计质量控制的过程环节。设计质量控制贯穿于项目建筑产品形成和质量体系运行的全过程。设计质量控制每一过程都有设计输入、转换和输出等三个环节，通过对每一个过程三个环节实施动态的有效控制，使形成设计质量的各个过程处于受控状态，持续提供符合规定设计要求的设计成果和服务。

（三）设计质量控制目标

1．设计质量目标概念

设计质量目标在建设项目中表现形式为项目设计过程及其成果的固有特性达到规定的要求，即提供符合下列要求的各阶段设计文件成果和服务。

（1）设计应首先满足业主所需的功能和使用价值，符合业主投资的意图。

（2）符合国家法律法规、建设方针、设计原则、技术标准以及项目设计合同规定的设计要求。

（3）能作为施工等后续建设阶段实施的依据和满足项目参与方在合同、技术、经济等多方面的需求。

2．设计质量目标的特性

（1）项目设计质量目标的特性通常体现在功能适用性、安全可靠性、经济合理性、资源节约性、文化艺术性和环境协调与保护性等方面。

（2）设计质量目标要求必然要受到经济、资源、技术、环境等因素的制约，从而使项目的质量目标与水平受到一定限制。

（3）设计质量控制目标与投资目标、进度目标的可行性的协调往往关系到设计状态、设计效率和设计成果质量水平。

（4）由于建设工程项目本身的一次性、单件性、预约性以及投资额较大，建设工期较长，参与方众多等特点，项目质量目标的实现是一项十分复杂和艰巨的任务。

3. 项目设计质量目标的主要内容

（1）能够反映建筑环境。建筑环境质量包括项目用地范围内的规划布局、道路交通组织、绿化景观，要求其与周边环境的协调或适宜，这点在生态、环境保护和可持续发展方面有充分体现。

（2）能够反映使用功能。工程项目的功能性质量，主要是反映对建设工程使用功能需求的一系列特性指标，如：房屋建筑的平面空间布局、通风采光性能；工业建设工程项目的生产能力、工艺流程和职业健康安全；道路交通工程的路面等级及其通行能力等。

（3）能够反映安全可靠。建筑产品不仅要满足使用功能和用途的要求，而且在正常的使用条件下应能达到安全可靠的要求。可靠性质量必须在满足功能性质量需求的基础上，结合技术标准、按照规范特别是强制性条文的要求进行确定与实施。

（4）能够反映艺术文化。产品具有深刻的社会文化背景，其个性的艺术效果，包括：建筑造型、立面观、文化内涵、时代特征以及装修装饰、色彩视觉等，都是使用者以及社会关注点。建设工程项目艺术文化特性的质量来自设计者的设计理念、创意和创新，以及施工者对设计意图的领会与精益生产。

（5）能够反映节约资源和减排。资源是人类社会赖以生存和发展的重要物质基础，节约资源是我国的基本国策。节约资源和减排是指加强资源使用管理，采取技术上可行、经济上合理以及环境和社会可以承受的措施，建设高能效、低能耗、低污染、低排放的建筑体系，有效、合理地利用资源。建筑节约资源包括节地、节能（煤、油、气、生物质能和电、热力等）、节水、节材等。

4. 项目设计目标的论证

大量项目工程设计实践证明，设计质量控制目标初步拟定后，在充分掌握和理解项目建设目标要求的前提下，应对项目设计的质量、投资、进度目标进行分析，论证其可行性和协调性，从而达到“三大目标”的辩证统一。

在确定的设计总投资数额限定下，分析论证项目的设计规模、建设标准、质量目标能否达到预期水平，进度目标能否实现；在设计进度目标限定下，要满足项目建设标准和质量要求，估算设计投资限额是否合理准确。论证时应以类似工程项目各种指标和条件为依据，与本项目进行差异分析比较，并分析项目建设中可能遭遇的风险。以初步确定的总建筑规模和质量要求为基础，将论证后所得总投资和总进度进行切块分析，确定投资和进度计划。

(四) 设计质量控制的原则

(1) 建设工程设计应当按工程建设的基本程序，坚持先勘察，后设计，再施工的原则。

(2) 设计质量控制应致力于使建设工程设计符合与社会、经济发展水平相适应，做到经济效益、社会效益和环境效益相统一。

(3) 设计质量控制应遵循适用、安全、美观、经济、环保、节能等设计方针。

(4) 设计质量控制应力求设计文件质量符合“技术先进、经济合理、安全实用、确保质量”的国家建设方针。

(5) 设计质量控制应致力于建设工程设计符合规范、规程等标准的有关规定，设计文件编制完整、准确、清晰，深度符合国家规定要求，避免“错、漏、碰、缺”等。

（6）设计质量控制应遵循设计的标准化与创造性相结合原则。在建筑构配件标准化和单元设计标准化的前提下，建筑不仅应具备时代特征，还应该彰显有创意的个性。

（7）设计质量控制应采用先进科学的管理方法，突出其在确保工程设计质量中的重要性。

（8）设计质量控制应推广先进适用技术、积极采用新技术、新材料，促进技术进步和管理创新，有效提高建设工程质量。

在设计文件中规定采用的新技术、新材料，有可能影响建设工程质量安全，又没有国家技术标准的，应当由国家认可的检测机构进行试验、论证，出具检测报告，并经国务院、省、自治区、直辖市人民政府有关部门组织的建设工程技术专家委员会审定后，方可使用。

二、设计质量控制的基本内容

（一）设计质量控制概述

在项目设计管理中，相关参与主体都依法承担设计质量责任。设计质量控制，对于建设单位及项目管理企业而言，主要是对设计方的设计服务活动及其编制的设计文件的控制；对于设计单位、工程总承包单位（EPC）而言，主要是其内部控制。

（二）设计方的设计质量控制的基本内容

以下设计方的设计质量控制为例，介绍设计质量控制的基本内容。

1．设计策划

（1）建设项目的设计策划工作由设计经理负责，主要任务是编制“设计实施计划”。设计经理应组织各专业负责人实施建设项目的“设计实施计划”。在设计过程中，设计经理可根据项目实施的具体情况，对“设计实施计划”进行修订或补充。

（2）编制“设计实施计划”的主要依据是项目合同和组织质量管理体系设计控制中的设计策划要求，如果用户对设计有特殊要求，也应列入“设计实施计划”。“设计实施计划”应对设计输入、设计实施、设计输出、设计评审、设计验证、设计更改等设计重要过程的要求及方法予以明确。

（3）设计经理应根据项目特点、用户的要求和实际需要，策划、编制建设项目设计过程所需要的管理文件。应重点关注设计过程的接口管理策划的合理性。

2．设计输入

设计输入包括：建设项目合同、适用法律法规及标准规范、项目有关批文和纪要、项目可研报告、项目环境影响评价报告、历史项目信息、项目基础资料以及投标书评审结果等。

设计经理负责组织各专业确定建设项目的设计输入，并组织各专业对用户提供的设计基础资料进行评审和确认，各专业负责人还应对本专业适用的标准规范版本的有效性进行评审。

3．设计活动

（1）设计开工后，各专业负责人应根据“设计实施计划”编制各专业的设计工作规定。各专业负责人负责组织本专业设计人员按专业工作流程和企业标准进行本专业的设计工作。

（2）各专业负责人负责组织本专业设计人员拟定设计方案，按照设计质量管理要求，进行设计方案的比较和评审。各专业负责人负责组织本专业设计人员按照专业设计技术要求，进行本专业的工程设计工作。

（3）各专业负责人负责相关专业设计条件的接受和确认，并由各专业负责人向相关专业发出设计条件。组织应建立建设项目文件和资料的发送规定，设计文件和资料的传递应按照此规定的要求执行。

4．设计输出

（1）设计输出基本要求：满足设计输入的要求；满足采购、施工、试运行的要求；满足施工、试运行过程的环境、职业健康安全要求；包含或引用制造、检验、试验和验收标准规范、规定；满足建设项目正常运行以及环境、职业健康安全要求。

（2）设计输出文件包括设计图纸和文件、采购技术文件和试运行技术文件。

(3) 设计输出文件的内容和深度应按照建设项目各有关行业的内容和深度规定的要求执行。

(4) 设计输出文件在提供用户前，应由责任人进行验证和评审。

5. 设计评审

设计评审可包括设计方案评审、重要设计中间文件评审、环境和职业健康安全评审、可施工性评审和工程设计成品评审。评审的重点是：

(1) 设计过程满足要求的能力；包括设计的人员、方法、参数等满足要求的程度。

(2) 识别任何问题并确定相应的措施。包括对设计和生产、使用过程可能出现的问题进行预测和分析，并及时制定相应的预防措施。组织应建立设计文件评审的规定，并按照此规定的要求执行。

(3) 设计方案评审可分为组织级评审和专业级评审两种。组织级设计方案是设计中的重要技术方案，评审工作由设计经理组织，组织技术主管或项目主管主持，有关专业技术管理人员和设计人员参加；专业级设计方案评审由专业负责人提出，专业技术管理人员组织并主持，设计和校审人员参加。评审可采用会议或其他评审方式进行。

(4) 组织应根据建设项目的行业特点，确定重要设计中间文件和环境与职业健康安全文件的评审办法，建立评审管理规定，设计经理组织并主持有关专业参加评审，并按照此规定的要求执行。如：石油化工行业的“管道仪表流程图 R 版评审”等。

(5) 设计经理负责组织设计阶段可施工性评审。设计阶段可施工性评审主要结合设计方案评审、重要设计中间文件评审进行。各专业工程设计成品由专业技术管理人员进行评审。

6. 设计验证和设计确认

为确保设计输出文件满足设计输入的要求，应进行设计验证。

(1) 设计验证的方式是设计文件的校审（校核、审核、审定），验证方法包括校对验算、变换方法计算、与已证实的类似设计进行比较等。

（2）设计验证由规定的、有工程设计职业资格的人员按照项目文件校审规定的要求进行。需要相关专业会签的设计成品在输出前应进行会签。

（3）设计验证人员在对设计成品文件进行校审后，需设计人员进行修改时，修改后的设计文件应经设计验证人员重新校审，符合要求后，设计、校审人员方可在设计文件的签署栏中签署，并按国家有关部门规定，在设计成品文件上加盖注册工程师印章。

（4）为保证设计输出文件在建筑产品的使用或预期条件下满足规定要求，相关人员应该用模拟使用条件下的方式对输出文件进行验证，或由业主或使用人在预期及使用情况下进行认可，发现问题及时予以改进。设计确认结果的好坏直接关系到组织对设计过程的管理能力，是组织设计质量水平的体现。

7. 设计变更控制

（1）设计更改应按有关规定进行控制。

（2）工程设计成品文件在提交用户报国家或地方等有关部门审查、审批后，如需修改，由设计经理组织相关专业按审查会纪要或审查书的要求修改更新原成品文件或编制补充文件。

（3）在设备制造、施工和试运行过程中，因设计不当等原因需要对设计进行修改时，由设计工程师进行设计更改。

第四节　建筑工程设计成本控制

工程设计是建设项目全面规划和描述实施意图的活动，是工程项目建设的重要内容。一般工业与民用建筑可按照初步设计和施工图设计两个阶段进行，被称作“两阶段设计”。对于技术较复杂且缺乏经验的建设项目，根据需要可按照初步设计、技术设计、施工图设计三个阶段进行，被称作“三阶段设计”。针对大型、特殊项目，在初步设计之前可能还需进行总体设计。初设过程中，还要进行专业设计方案的评选；专业设计方案评选的主要内容包括：设计参数、设计标准、设备和结构选型、功能和使用价值等。考察项目是否满足适用、经济、美观、安全、可靠等要求；各专业设计方案是否符合预定的质量标准和要求。

工程项目设计不仅影响建造费用，也决定项目建成后的使用价值和经济效果。因此，设计阶段是成本控制的重要阶段。

一、影响建筑物成本的设计参数

建筑物成本受到各种设计参数的影响，设计师以及成本工程师应充分认识建筑物的平面形状、尺寸、层高、层数以及其他建筑特征的变化对成本的影响。

（一）平面形状对成本的影响

一般来说，建筑平面形状越简单，它的单位造价越低，而平面又长又窄的建筑物或者是外形复杂、不规则的建筑物，单方造价相对较高。当建筑物平面形状不同，建筑外墙面的面积也不同，导致外墙费用发生变化，平面形状对外墙费用的影响最明显。不规则的建筑平面形状，使得放线、场地室外工程、排水工程、砌砖工程、地基工程、屋面工程等施工更复杂，建筑物周围的部分土地得不到有效利用，导致建筑物用地面积增加，从而增加费用。此外，在确定建筑物形态时，还应综合考虑其他因素，如施工方便、平面设计、室内设备布置、采光、美观等，做到成本、功能、外观和方便施工等协调。

（二）建筑物大小对成本的影响

建筑物尺寸加大，通常能降低每平方米建筑面积造价。建筑物尺寸增大，引起墙与建筑面积的比率缩小，房间的使用面积加大，内部隔墙、装饰、墙裙等的工程量成比例地减少，装设在墙上的门、窗的额外费用也相应地下降。高层建筑电梯如果能辐射到更多的建筑面积，为更多的住户提供服务，则有利于降低每平方米的成本。对于一个较大的工程项目，某些固定费用，例如运输、现场暂设工程的修建及其拆除、材料及构件储存场地、临时给水的安设和临时道路修筑等准备工作，不一定因建筑面积的扩大而有明显变化，而固定费用占建筑总造价的比率却会相应地降低，利用率更高，从而节约成本。

（三）层高

当各层建筑面积一定时，层高的改变影响着建筑物成本。受层高变化影响的主要是墙和隔断，及与其相关的粉刷和装饰。当层高增加时，需要采暖的体积增加，需要较大的热源和较长的管道或者电缆；为提供卫生设备，需要较长的给水和排水管道；增加施工垂直运输量，粉刷、装饰天花板、屋面、楼梯等造价都会增加；如果设有电梯，则会增加电梯的造价。如果层高和层数增加得很多，为增强基础承受荷载的能力，还可能增加基础造价。

（四）层数

增加建筑层数，一般有利于节约用地。但建筑层数对造价的影响，随着建筑的类型、形式和结构的不同而变化。例如，当增加一个楼层而不影响建筑结构形式时，根据墙、建筑面积和屋面的关系，单位建筑面积的造价可能会降低。一旦超过一定的层数，结构形式就要改变，而单位造价通常也会增加（如当建筑高度超过六层时，往往要将砖混结构变为框架结构）。当基础形式保持不变，随着建筑层数的增加，每平方米建筑面积的基础造价就相应地下降，但这在很大程度上取决于项目地质状况和建筑物所承受的荷载。当必须用桩基础来代替条形基础或者独立柱基础时，造价就会大增。建筑越高，用电梯和楼梯的形式作为垂直流通手段，其造价也会越高。高层建筑需要解决好供水、消防、抗震等一系列的技术问题，这可能会带来工程造价的增高。

（五）结构柱网尺寸及布置

结构柱网的布置与经济因素有密切联系：材料力学性能发挥情况、构件标准化定型化程度、工期长短都与结构网格的布局与尺寸直接相关。柱网尺寸及布置与建筑物造价的关系较为复杂。无论是多层框架结构，还是单层工业厂房的柱网布置，既要满足生产工艺流程和建筑平面布置的要求，又要使结构受力合理，施工方便。确定水平承重结构柱的距离和跨度是柱网布置的关键。应注意的是并不是跨度越小越经济，当在建筑平面布局时是否需要设置柱子，如何设置，在一定荷载下、一定跨度范围内，不设柱子可能会更经济。

（六）流通空间

走道、楼梯、公共交通空间越小越经济；反之，不仅造成建造成本的上升，还将浪费能源，造成运营成本上升。

（七）建筑材料

建筑材料约占总造价的70%，是控制造价的有效途径。主要手段有：节约用量、控制材料价格。

（八）规划设计与地形地貌的结合

土地的形态千差万别。科学合理的土地开发能够使得人、建筑和自然和谐共处，创造比原有景观更出众的设计形式和人工景观，保存和融合当地最好的自然要素，满足使用者不断提高的生态环境要求。科学合理地利用土地，减少不必要的土地开发，还可节约建设成本，提高投资效益。对一块建设土地的利用通常可有多种手段和方法，设计师需要综合考虑多种因素。

二、设计阶段成本管理流程及内容

（一）总体设计阶段及其主要内容

总体设计是为了解决总体开发方案和建设项目总体部署等重大问题，一般应包括文字说明、必要的图纸和工程投资估算等内容。总体设计是依据可行性研究报告和审查意见进行的，因此审核应侧重于生产工艺是否先进、合理，生产技术是否合理，能否达到预计的生产规模，三废治理和环境保护方案，能源需求是否合理，工程估算是否在投资限额以内，工程建设周期是否满足投资回报要求等。

(二) 初步设计阶段及其主要内容

初步设计是在指定的地点和规定的建设期限内，根据选定的总体设计方案进行更具体、更深入的设计，是整个设计构思形成的阶段。通过初步设计可以进一步明确拟建工程项目在技术上的可行性和经济上的合理性，并在此基础上，正确拟订项目的设计标准以及基础形式、结构、水暖电等各专业的设计方案，规定技术方案、工程总造价和主要技术经济指标。这一阶段要编制设计总概算，运用全生命周期成本理论，对设计方案进行价值工程分析和比选，从而确定最佳设计方案。

根据设计任务书进行编制初步设计文件，由设计说明书、设计图纸、重要设备及材料表、工程概算书等 4 部分组成。初步设计阶段对设计图纸的审核侧重在工程项目所采用的技术方案是否符合总体方案的要求，以及是否达到项目决策阶段确定的质量标准。该阶段的图纸应满足设计方案的比选和确定、主要设备和材料的订货、土地征用、总投资控制、施工准备与生产准备等要求。

初步设计前及初设过程中，要进行总体设计方案评选；总体设计方案评选的主要内容包括：设计依据、设计思想、建设规模、总体方案、项目组成及布局、工艺流程、主要设备选型及配置、占地面积与土地利用情况、外部协作条件、建设期限、环境保护、防震抗灾、总概算等内容。考察项目方案是否满足决策质量目标和水平，考察项目概算是否在投资估算限额内。

(三) 技术设计阶段及其主要内容

技术设计阶段是针对技术复杂或有特殊要求，而又缺乏设计经验的建设项目而增加的一个设计阶段，目的是进一步解决初步设计阶段还未能解决的一些重大问题。技术设计是初步设计的具体化，也是各种技术方案的定案阶段。他是在初步设计的基础上，根据更详细的勘察资料和技术经济分析，对初步设计加以补充和修正，体现初步设计的整体意图并考虑到施工的方便易行。技术设计的详细程度要能满足确定设计方案中重大技术问题和有关实验、设备选型等方面的要求，应能根据它编制施工图和提出设备订货明细表。技术设计阶段对图纸的审核侧重于各专业设计方案是否符合预定的质量标准和要求。技术设计阶段在初步设计总概算的基础之上编制出修正总概算。技术设计阶段也要进行初设阶段未完成的专业设计方案的评选。

（四）施工图设计阶段及其主要内容

施工图是对建筑物、设备、管线等尺寸、布置、选用材料、构造、相互关系、施工及安装质量要求的详细图纸和说明，是指导施工和制作的直接依据，是设计工作和施工工作间的桥梁，是设计意图和设计成果的表达。施工图设计的主要内容是根据批准的初步设计（技术设计）文件，绘制出完整、详细的建筑和安装的图纸。施工图设计的深度应能满足设备材料的选择和确定、非标准设备的设计和加工制作、施工图预算编制以及现场施工安装的要求。同时，施工图设计应满足使用功能及质量要求。

三、设计阶段对于成本控制的重要意义

（一）工程设计影响项目的建设成本和经常性费用

工程设计对成本的直接影响体现在技术方案的选择、性能标准的确定、建筑材料的选用等对建设成本的影响。间接影响反映在设计质量对项目成本影响，设计质量可能造成工程施工停工、返工甚至造成质量事故和安全隐患、建筑产品功能不合理、影响正常使用；影响使用阶段的经常性费用，如暖通费、照明费、保养费、维修费等。

（二）设计阶段控制成本的效果最显著

一般认为，初设阶段影响项目成本的可能性为75％～95％；技术设计阶段影响项目成本的可能性为35％～75％；施工图设计阶段影响项目成本的可能性为5％～35％。可见，设计阶段是决定工程项目成本的数额是否合理的关键阶段。

（三）设计阶段的成本规划与控制体现了规划与控制的主动性

建筑产品具有单件性、价值大的特点，如果仅当实际成本偏离目标成本时才采取对策，就是被动控制，不能预防差异的发生，而且往往损失很大。在设计阶段通过采取设计方案的技术经济分析、价值工程、限额设计等控制手段，再与设计概算、施工图预算相结合，可以使设计更经济，从而实现项目成本控制的主动性。

（四）设计阶段的成本管理与控制体现了项目成本控制的系统性

设计阶段根据项目决策阶段确立的建设项目总目标，对项目进行筹划、研究、构思、设计，直至形成设计图纸及相关文件，使得建设目标和水平具体化。设计阶段从解决总体开发方案和建设项目总体部署等重大问题开始，到建筑设计、结构设计和其他专业设计方案的确定，直至最后确定并绘制出能满足施工要求的反映工程尺寸、布置、选材、构造、相互关系、质量要求等的详细图纸和说明，整个过程充分体现了控制的系统性。

（五）设计阶段的成本控制便于技术与经济相结合

专业设计人员在设计工程中往往更关注工程的使用功能，力求采用比较先进的技术方法实现项目所需的诉功能，而对经济的考虑则较少。在设计阶段进行成本规划与控制就能在制订技术方案时充分考虑其经济效果，使方案达到技术与经济的结合。

四、设计阶段成本管理的方法与措施

工程项目设计成本管理的方法措施包括组织、技术、经济、合同等各方面的措施，如实行设计招标、正确处理技术与经济的关系、注重设计方案优选及设备选型、推行限额设计、运用价值工程优化设计、重视设计概预算的编制与审查等。上述措施中，技术措施或方法很重要，如进行方案经济性比较、限额设计、价值工程等。

第七章　建筑工程项目实施阶段设计单位的作用

第一节　建筑工程技术交底

一、技术交底概念

技术交底，是在某一单位工程开工前，或一个分项工程施工前，由主管技术领导向参与施工的人员进行的技术性交代，其目的是使施工人员对工程特点、技术质量要求、施工方法与措施和安全等方面有一个较详细的了解，以便于科学地组织施工，避免技术质量等事故的发生。各项技术交底记录也是工程技术档案资料中不可缺少的部分。

二、技术交底的分类

技术交底一般包括下列几种。

（1）设计交底，即设计图纸交底。这是在建设单位主持下，由设计单位向各施工单位（土建施工单位与各专业施工单位）进行的交底，主要交代建筑物的功能与特点、设计意图与要求和建筑物在施工过程中应注意的各个事项等。

（2）施工设计交底。一般由施工单位组织，在管理单位专业工程师的指导下，主要介绍施工中遇到的问题，和经常性犯错误的部位，要使施工人员明白该怎么做，规范上是如何规定的等。

（3）专项方案交底、分部分项工程交底、质量（安全）技术交底、作业等。

三、技术交底的内容

（1）工地（队）交底中有关内容：如是否具备施工条件、与其他工种之间的配合与矛盾等，向甲方提出要求，让其出面协调等。

（2）施工范围、工程量、工作量和施工进度要求：主要根据自己的实际情况，实事求是地向甲方说明即可。

（3）施工图纸的解说：设计者的大体思路，以及自己以后在施工中存在的问题等。

（4）施工方案措施：根据工程的实况，编制出合理、有效的施工组织设计以及安全文明施工方案等。

（5）操作工艺和保证质量安全的措施：先进的机械设备和高素质的工人等。

（6）工艺质量标准和评定办法：参照现行的行业标准以及相应的设计、验收规范。

（7）技术检验和检查验收要求：包括自检以及监理的抽检标准。

（8）增产节约指标和措施。

（9）技术记录内容和要求。

（10）其他施工注意事项。

四、技术交底形式

（1）施工组织设计交底可通过召集会议形式进行技术交底，并应形成会议纪要归档。

（2）通过施工组织设计编制、审批，将技术交底内容纳入施工组织设计中。

（3）施工方案可通过召集会议的形式或现场授课的形式进行技术交底，交底的内容可纳入施工方案中，也可单独形成交底方案。

（4）各专业技术管理人员应通过书面形式配以现场口头讲授的方式进行技术交底，技术交底的内容应单独形成交底文件。交底内容应有交底的日期，有交底人、接收人签字，并经项目总工程师审批。

第二节　建筑工程中间验收

一、建筑工程验收

建筑安装施工单位根据施工合同对所承包的单位工程（如一个车间、一个动力站房或一幢住宅等），已经按照设计要求全部建完，质量合格，符合生产和使用条件，建设单位应及时组织验收，办理单位工程的交工验收手续。由建筑安装单位交工，建设单位验收。

单位工程建成一项，应尽快交付使用或投产，以发挥投资效果。为此，应及时办理交工验收手续，转入固定资产。

单位（项）工程的交工验收必须坚持有关技术验收标准，并做好交工验收的下列事项：

坚持工程施工技术验收规范和检验标准。

（1）建筑工程验收标准凡工业建筑的建筑工程部分、民用建筑的建筑安装工程部分，除了按施工图、技术说明书进行验收外，还必须按照国家施工技术验收规范和工程质量检验标准进行验收。

在工程内容上必须按照设计内容全部建完，不留尾巴，如一般建筑物建完后，还必须平整两米以内的场地及清除障碍物，达到“三通”的要求。

（2）设备安装工程验收标准，成套设备安装、生产联动线、电气仪表计器装置等设备安装工程部分，除按施工设计图、技术说明书进行验收外，还必须按照国家施工技术验收规范和质量检验标准进行验收。

设备安装工程完成后，必须经过单机试车、联动试车，全部符合安装技术质量要求，具备形成设计能力，能够生产出设计规定的代表产品。

（3）人防工程验收标准凡有人防工程或结合房屋建筑建设的人防工

程，其验收必须符合人防工程的有关规定和规范办理。

人防工程多位于地下、岩洞或特殊的建筑物内，应确保结构上的安全，并重视防毒、防水、防震、通讯、通风及出入口的施工质量，应按人防工程施工技术验收规范和检验标准验收。

（4）大型管道工程验收标准大型管道（系指室外运行的运送生产介质或非生产介质的管道或地沟）常见的有供排水道干线、热力、煤气、原油、天然气、化工及物料等管道或地沟。按照施工设计图纸建完，工程质量应符合管沟工程质量检验标准和有关各种管道的施工技术验收规范；管道工程上的设备和附机、附件，如泵、闸阀、容器、加热器等应按照有关专业验收规范进行检验，并评定其安装质量等级。

（5）其他工程如桥涵、铁路、道路、环保措施等，可结合工程特点和设计要求，拟定适合的竣工验收具体标准。

二、验收流程

做好交工验收、签证、移交工作单位（项）工程的验收是由建设单位负责组织设计、施工、使用单位并请环保、建设银行等有关单位参加组成验收小组，对需交工的单位（项）工程按照竣工验收标准进行检查、评定和验收，听取各单位的意见，尤其是来自使用单位的意见。该项工程达到了验收标准，则予以验收，尚未达到验收标准的，要促其达到验收标准后，再行验收，避免给生产和建设留下后遗症。

（1）签证单位（项）工程验收合格后，建设单位应给建筑安装施工单位签发下列证明书。

①建筑工程单位（项）工程建筑安装部分交工验收证明书及质量等级证。

②设备安装工程对于单机，单体设备无负荷试车合格证；对于联动生产线或成套系统设备，联动设备无负荷试车合格证。

（2）移交单位（项）工程交工验收签证手续办理完毕后，建设单位会同施工、使用单位在竣工现场，逐项清点，移交清楚，将此项工程全部移交给使用单位保管和使用。使用单位同意接管后，施工单位要做到工完场清，不留尾巴。如尚有尾项工程未完，须相互协商，留出足够施工场地，继续施工，限期完成。

（3）结算单位（项）工程经建设单位合格验收并正式交付生产或使用后，按照施工合同规定进行工程结算。

三、工程中间验收

（1）建筑工程验收一个单位工程的建筑安装部分，已按设计施工完成，工程质量合格，竣工资料整理就绪，达到和具备了交工验收条件。但该单位工程的设备安装工程尚未完成，建设单位可以及时组织有关单位先对该工程的建筑安装工程进行检查并予以交工验收，办理正式验收手续，工程移交给使用部门保管，设备安装工程可以在该建筑物内继续施工，直至交工。

（2）建筑工程中间验收

①隐蔽工程验收施工单位提出建筑工程中隐蔽部位验收通知单后，建设单位的工程管理人员应及时进行检查。如检查该隐蔽部位施工质量合格，符合设计要求，经质量监督部门签证同意，即可办理中间验收手续，施工单位可以进行下道工序的施工。对于质量不合格的隐蔽工程，质量监督部门不予签证验收，施工单位不得覆盖，也不得进行下道工序的施工。

②重要结构工程验收对于单位工程中的某些建筑施工的重要结构部位（如桩基、沉箱、平台、大型设备基础等）应实行单独质量检查和履行中间验收手续。主要因为中间验收资料对今后工程查询、质量证明和维护管理都有重要的作用。

承要结构工程经中间验收合格后，方能进行下道建筑工序的施工。

第三节　建筑工程设计变更

工程变更涉及项目的整个生命周期，主要发生在实施阶段。项目实施阶段发生的绝大多数工程变更均源于项目前期决策阶段和设计阶段，特别是设计阶段的地位更加特殊，决定了整个项目的投资额度。所以，在项目设计阶段进行设计变更控制才能从根本上降低变更发生的频率，减少变更对建设项目的负面影响。

一、综合变更特征分析

根据大量工程实践中存在的工程变更所揭示的特征，各类常见工程变更可从可控性、技术性、所处阶段、频率和来源方等五个不同层面加以描述。设计变更和施工方案变更的可控性强，其余变更的可控性一般或较弱。从技术性角度而言，设计变更的技术性强，施工方案变更次之，其余变更则较弱。从所处阶段分析，一般房屋建筑工程设计变更和施工方案变更工程施工的全过程。其余变更则主要发生在工程主体施工阶段和装饰施工阶段。从发生频率来看，设计变更最高，施工方案变更次之，其余变更则较低。从变更的来源方即提出或引起变更的主体观察，设计变更范围最广。业主、承包方、监理方和设计方均可提出设计变更要求，而施工方案变更通常由承包方提出。计划变更和新增工程一般业主提出，条件变更则通常由业主或不可抗力引起。

尽管工程变更通常发生在实施阶段，但某些变更，尤其是一些重大的变更，往往源于项目的前期策划阶段和设计阶段。而项目的前期阶段，主要是设计阶段，决定了项目投资额的70%。因此，在项目实施阶段，绝大多数设计变更都将会影响整个项目的投资和进度方面的改变。如何在设计阶段采取有效措施，对可能出现的不利变更加以控制，减少变更的发生量和降低变更对项目目标的负面影响是本文研究的核心内容。

二、综合变更控制程序

工程变更控制的管理，应该遵循“必要性、可行性、经济性”的原则，同时，应对工程变更的范围、工程变更的内容、工程变更的相关责任方进行必要的界定，对工程变更的目标进行确认，对工程变更的技术性进行论证，对工程变更的方式进行优化，对工程变更的费用变化进行权衡，对工程变更的工期影响进行评估，对工程变更所带来的风险进行预测。

综合变更控制的主要程序为变更请求、变更评估、实施变更、经验总结。

（一）变更请求

无论何种变更，都需向业主提出申请，说明变更理由，拟采取的变更方法，实施变更可能对项目造成的影响等。

（二）变更评估

项目业主根据变更申请，咨询相关工程技术人员，从技术、投资和工期等方面全面考虑，确定是否同意变更以及拟采取的初步变更方案。涉及政府的有关管理规定，还需征得政府同意。

（三）实施变更

项目业主向设计机构和工程咨询公司发出变更要求，设计人员根据变更要求，进行变更设计，并将变更结果向项目业主，咨询公司、承包商做技术交底，以便变更设计能得以顺利实施。

（四）经验总结

任何变更实施后，变更的相关者都要及时做信息记录，总结变更原因，记录变更产生的后果，避免再次出现此类变更。

三、建筑工程设计过程综合变更控制

（一）选择合理的设计预案

在建筑工程项目建设过程中，会由于施工条件和施工环境等因素的影响，需要进行设计变更，然而在设计变更时，由于在诸多原因下，导致设计变更存在问题。因此，建筑企业必须采取有效措施对设计变更中的问题进行处理，从而为建筑工程项目建设奠定良好基础。在对建筑工程设计变更加以管理时，需要按照设计招投标，选择合理的设计预案，从而确保建筑工程设计变更更加符合规范。通过针对建筑项目的特点设计预案招投标，选择最佳的施工企业，然后运用价值项目方法，对工程造价加以控制，经过选取合理的设计预案。进而能够为建筑工程施工提供有力保障。并保证在设计变更的条件下，建筑工程施工质量更高。

（二）大力执行限额设计

在建筑工程设计变更过程中，为了避免设计变更存在问题，应当大力执行限额设计，通过建立完善的奖惩标准，从而为建筑工程建设提供有利依据。在建筑工程造价变更时，为了保证建筑工程设计质量，应当大力执行限额设计，从而对建筑项目工程造价进行严格控制，提高建筑企业的经济效益和社会效益通常情况下，限额设计中的内容有合同内容约定奖项的条目和依据协议形式等，通过推动限额设计，能够实现对建筑施工内容和施工设计图纸等进行预算控制，然后融合相关技术，设计企业加大对设计图纸的审核力度，并在奖惩制度的作用下，充分调动设计人员的工作热情，从而最大程度地对设计方案进行优化，为建筑工程项目建设提供坚实的保障。

（三）打造专业化的评估团队

在对建筑工程设计变更进行管理时。企业一定要打造专业化的评估团队，进而使得设计变更更加规范。在对建筑工程项目进行评估时，要对评估的环节进行细致的划分，从而确保与评估目标相符。通常情况下，在对建筑项目进行设计时，可以分成预案设计、施工图设计、初步设计等，比如，施工图设计，在经济型的设计技术前提下，对各方面内容加以调整。施工图中的内容一定要具有准确性和完整性，如果存在设计错误和漏项等现象，必须采取有效措施对问题加以处理。同时，要明确项目评估流程，确保设计变更内容更加规范。

（四）总结经验

设计变更实施后，项目负责人要及时组织设计人员认真分析产生变更的相关原因，重点分析与设计前期设置的关键点和关键工作是否有联系，总结教训，为以后的变更预控和变更发生后的控制管理工作积累经验。

（五）信息管理

及时做好各种信息记录，包括自然因素、社会因素、工程项目技术资料、相关方、业主以及设计原因等信息，并进行分析、整理和存储，对各种信息的流向和范围进行控制。为工程项目负责人了解掌握全盘情况，做出正确的决策，指挥有秩序的活动。进行有效的控制提供信息保证。

总之，建设工程项目的变更控制是一个复杂的系统工程，提高对工程变更的预防和控制能力，能够减少工程变更数量，提高工程的经济效益，因此进一步加强对其的研究非常有必要。

第四节　建筑工程竣工验收

一、项目竣工验收概念

项目竣工验收是指承包人按施工合同完成了项目全部任务，经检验合格，由项目业主组织项目参与各方对项目工程进行验收的过程。

项目竣工验收是我国建设工程的一项基本法律制度。实行竣工验收制度，是全面考核建设工程，检查工程是否符合设计文件要求和工程质量是否符合验收标准，能否交付使用、投产，发挥投资效益的重要环节。

项目竣工验收是项目管理的重要内容和终结阶段的重要工作；是建设单位会同设计、施工单位向国家（或投资者）汇报建设成果和交付新增固定资产的过程。项目竣工验收主体应是合同当事人的发包主体，即项目竣工验收工作由建设单位负责组织实施。项目的交工主体是合同当事人的承包单位，其他项目参与人则是项目竣工验收的相关组织。项目竣工验收的客体，应是设计文件规定、施工合同约定的特定工程对象。县级以上地方人民政府建设行政主管部门应当委托工程质量监督机构对工程竣工验收实施监督。

二、项目竣工计划的检查与支持

项目竣工收尾工作中，计划管理仍然是涵盖面最广，综合性最强的管理。编制项目竣工计划是项目收尾阶段管理工作的关键环节和重要的基础工作，旨在保证项目竣工目标有周密细致安排的预期行动方案。项目施工承包方应编制涵盖各项工作的项目竣工收尾工作计划，并提出要求将其纳入项目管理体系进行运行控制。

由于项目竣工计划涉及项目的每个参与组织和管理人员，其控制性渗透到项目竣工收尾的整个过程和各个方面。为了保证建设项目竣工收尾任务完成，施工单位项目经理部应及时组织项目竣工收尾工作，并与项目相关方联系，按有关规定协助验收。项目其他相关组织应为项目竣工计划目标的实施提供支持。建设单位也应关注并检查项目竣工计划，为必要的计划目标提供实施支持。设计管理组织应参与其中，控制要点如下。

（一）项目竣工计划内容

项目竣工收尾的工程内容，应列出详细清单，做到安排的竣工计划有切实可靠的依据。项目竣工计划内容应表格化，编制、审批、执行、验证的程序应清楚。

项目竣工计划内容应包括下列内容。

（1）工程项目名称；

（2）竣工项目收尾具体内容；

（3）竣工项目质量要求；

（4）竣工项目进度计划安排；

（5）竣工项目文件档案资料整理要求。

项目竣工计划内容可分成两条线编制。一是项目现场施工收尾，主要工作为工程实体的收尾组织；二是项目竣工资料整理，主要工作为工程软件的收集归档。在编制项目竣工计划时，两条线内容应分开安排，并有明确要求。

（二）项目竣工计划目标要求

项目竣工计划目标必须按法律、行政法规、部门规章和强制性标准的规定执行。检查中发现的问题要强制执行整改，及时处理。项目竣工计划目标应满足以下要求。

（1）全部收尾项目施工完毕，工程符合竣工验收条件的要求；

（2）工程的施工质量自检合格，各种检查记录齐全；

（3）设备安装经过试车、调试，具备单机试运行要求；

（4）工程经过安全和功能检验，各种测试、运行记录完整；

（5）建筑物四周规定距离以内的工地达到工完、料净、场清；

（6）项目竣工资料收集、整理齐全，符合工程文件归档整理规定；

（7）项目竣工分目标要求：包括建筑收尾落实到位；安装调试检验到位；工程质量验收到位；总包分包交接到位；文件收集整理到位；竣工验收准备到位；竣工结算编制到位；项目管理小结到位等。

三、创造项目竣工计划实施的条件

项目竣工计划的实施是确保项目竣工收尾的关键。为了保证项目竣工计划的有效实施，需创造下列条件。

（一）制定项目竣工收尾标准

竣工收尾标准是根据项目竣工目标和内容的要求而制定的，具有某一特定项目的属性并为这个特定项目服务。如质量验收、进度要求、安装调试、成品保护、现场清理、竣工资料标准等，并将这些标准的要求纳入竣工计划管理。

（二）反馈项目竣工收尾信息

竣工收尾信息的反馈，是在计划执行中通过现场检查、巡视和资料收集等途径获取的。比如工程质量的控制，是通过验收记录和控制资料的采集，取得实测、观感和功能检验等是否合格的信息。

（三）采取项目竣工收尾措施

项目竣工收尾措施是针对竣工收尾发生的不同偏差及其对竣工目标实现带来的影响，而专门制定的处理对策与纠正偏差的管理行为。

四、项目竣工收尾组织与验收

项目施工承包方的项目经理全面负责施工过程中的现场管理，并根据工程规模、技术复杂程度和施工现场的具体情况，建立施工现场管理责任制，并组织实施。项目经理应及时组织项目竣工收尾工作，并与项目相关方联系，按有关规定协助验收。

（一）项目竣工实体收尾

项目竣工实体收尾是项目现场性的组织与管理，是塑造建设工程产品实体的结尾工作。通过建立竣立收尾班子；策划竣工收尾工作；坚持竣工自查程序；组织竣工质量验收；按照规定的程序，经建设、施工、监理、设计等有关方面确认，确保竣工收尾各项工程内容的全面完成。

（二）项目竣工资料的整理要求

项目竣工资料是记录和反映项目实施全过程工程技术与管理档案资料的总称。建设工程承包人负责整理所承包工程范围内的竣工资料。建设工程承包人根据国家和有关部门发布的工程档案资料管理和标准的规定，制定行之有效的工程竣工资料形成、收集、整理、交接、立卷、归档的管理制度。按竣工资料的整理程序，实行统一领导、分级管理、按时交接、归口立卷的原则，保证竣工资料完整、准确、系统和规范，符合竣工验收后移交发包人汇总归档备案的管理要求。

项目竣工资料必须真实记录和反映项目管理全过程的实际情况，应符合资料形成的规律性和规定性。根据建设工程的特点，整理工程竣工资料要达到下列基本要求。

（1）竣工资料的管理：工程竣工资料的管理应符合基本建设项目档案资料管理和城市档案管理的有关规定，确保竣工资料齐全完整。竣工资料的整理应执行现行《建设工程文件归档整理规范》的规定。

（2）竣工资料的收集：收集工程竣工资料要建立岗位责任制，遵循施工的程序和内在规律，保持资料的内在联系，不得遗漏、丢失和损毁。

（3）竣工资料的手续：工程竣工资料的整理，应做到图物相符、数据准确，填写、审签章手续要完备，不得擅自修改、伪造和后补。

（4）竣工资料的构成：一个建设工程由多个单位工程组成时，竣工资料应以单位工程为对象整理组卷，案卷构成应符合现行《科学技术档案案卷构成的一般要求》的规定。

五、项目竣工验收的范围和依据

（一）项目竣工验收的范围

所有按规定列入竣工验收范围的建设工程必须实施项目竣工验收。建筑工程项目竣工验收的范围如下。

（1）凡列入固定资产投资计划的新建、扩建、改建和迁建的建筑工程项目或单项工程按批准的设计文件规定内容和施工图纸要求全部建成且符合验收标准的，必须及时组织验收，办理固定资产移交手续。

（2）使用更新改造资金进行的基本建设或属于基本建设性质的技术改造工程项目，也按国家关于建设项目竣工验收规定，办理竣工验收手续。

（3）小型基本建筑和技术改造项目的竣工验收，可根据有关部门（地区）的规定适当简化手续，但必须按规定办理竣工验收和固定资产交付生产手续。

（4）建筑工程项目环保、民防、消防、绿化、防雷、安全设施、智能建筑等专项竣工验收以及其他特定领域验收事项。

(二) 竣工验收的依据

建设项目工程验收，除了必须符合国家规定的竣工验收标准外应以下列文件为依据。

(1) 国家现行施工技术验收规范和建筑安装施工的统一规定。

(2) 工程项目经批准的可行性研究报告、初步设计或扩大初步设计、施工图、设备技术说明书。

(3) 上级主管部门有关工程竣工的文件和规定等。

(4) 业主与承包商签订的工程承包合同（包括合同条款、规范、工程量清单、设计图纸、设计变更、会议纪要等）。

(5) 从国外引进新技术或成套设备的项目，还应按照签订的合同和国外提供的设计文件等资料进行验收。

六、项目竣工验收程序

(1) 项目竣工验收是一个相互关联、多家交叉、具体细致的科学管理过程，项目发包人、承包人以及其他有关组织，应当加强协商、沟通，并按竣工验收的规定程序进行。项目规模较小且比较简单的项目，可进行一次性项目竣工验收；规模较大且比较复杂的项目，可以分阶段验收。

(2) 工程竣工验收应当按以下程序进行。

①项目工程完工后，施工单位应自行组织有关人员进行检查评定，合格后向建设单位提交工程竣工报告，申请工程竣工验收。实行监理的工程竣工报告须经总监理工程师签署意见。

②建设单位收到工程竣工报告，勘察、设计单位的工程质量检查报告，监理单位的工程质量评估报告后，对符合竣工验收要求的工程，组织勘察、设计、施工、监理等单位和其他有关方面的专家组成验收组，制定验收方案。

③建设单位应当在工程竣工验收之前，向建设工程质量监督机构申请《建设工程竣工验收备案表》和《建筑工程竣工验收报告》，并同时将竣工验收时间、地点及验收组名单书面通知建设工程质量监督机构。

第八章　建筑工程项目设计回访总结

第一节　建筑工程设计回访

一、工程回访的要求与内容

工程回访应纳入承包人的工作计划、服务控制程序和质量管理体系文件中。

工程回访工作计划由施工单位编制，其内容有：主管回访保修业务的部门、工程回访的执行单位、回访的对象（发包人或使用人）及其工程名称、回访时间安排和主要内容以及回访工程的保修期限。

工程回访一般由施工单位的领导组织生产、技术、质量、水电等有关部门人员参加。通过实地察看、召开座谈会等形式，听取建设单位、用户的意见、建议，了解建筑物使用情况和设备的运转情况等。每次回访结束后，执行单位都要认真做好回访记录。全部回访结束，要编写“回访服务报告”。施工单位应与建设单位和用户经常联系和沟通，对回访中发现的问题认真对待，及时处理和解决。

二、工程回访类型

（1）例行性回访。例行性回访一般以电话询问、开座谈会等形式进行，每半年或一年一次，了解日常使用情况和用户意见；保修期满前回访，对该项目进行保修总结，向用户交代维护和使用事项。

（2）季节性回访。季节性回访根据各分项工程的不同特点，进行可能的质量问题回访，如在雨期回访屋面、外墙面的防水。

(3) 技术性回访。技术性回访是对新材料、新工艺、新技术、新设备的技术性能和使用效果进行跟踪了解，通常采用定期和不定期两种模式相结合进行回访。

(4) 保修期满时的回访。保修期满时的这种回访一般在保修期将结束前进行，主要是为了解决遗留的问题和向业主提示保修即将结束，业主应注意建筑的维修和使用。

三、项目回访保修的管理

(一) 项目回访保修概述

回访保修制度要求施工单位在项目竣工验收交付使用后，自签署工程质量保修书起的一定期限内，对发包人和使用人进行工程回访，并对建筑工程在保修范围和保修期限内出现的质量缺陷履行保修义务。质量缺陷是指房屋建筑工程的质量不符合工程建设强制性标准以及合同的约定。

《建筑法》规定，建筑工程实行质量保修制度。工程保修就是施工单位按照国家或行业现行的有关技术标准、设计文件以及合同中对质量的要求，对已竣验收的建设工程在规定的保修期限内，进行维修、返工等工作。《建设工程质量管理条例》规定，建设工程实行质量保修制度。实行工程质量保修制度，对于促进承包人加强工程质量管理，保护用户及消费者的合法权益可以起到重要的保障作用。因此，项目保修是我国工程建设的一项基本法律制度。

(二) 项目回访保修管理规定

《项目管理规范》对项目回访保修管理规定如下。

(1) 项目回访和保修应纳入质量管理体系。没有建立质量管理体系的承包人，也应进行项目回访，并按法律、法规的规定履行质量保修义务。

(2) 回访和保修工作计划应形成文件，每次回访结束应填写回访记录，并对质量保修进行验证。回访应关注发包人及其他相关方对竣工项目质量的反馈意见，并及时根据情况实施改进措施。

（3）回访工作方式应根据回访计划的要求，由承包人自主灵活组织。回访可采取电话询问、登门座谈、例行回访等方式。回访应以业主对竣工项目质量的反馈及特殊工程采用的新技术、新材料、新设备、新工艺等的应用情况为重点，并根据需要及时采取改进措施。

（4）承包人签署工程质量保修书，其主要内容必须符合法律、行政法规和部门规章已有的规定。没有规定的，应由承包人与发包人约定，并在工程质量保修书中提示。

（三）项目工程质量保修办法

《建设工程质量管理条例》规定，建设工程承包单位在向建设单位提交工程竣工验收报告时，应当向建设单位出具质量保修书。质量保修书中应当明确建设工程的保修范围、保修期限和保修责任等。《房屋建筑工程质量保修办法》对我国境内新建、扩建、改建各类房屋建筑工程（包括装修工程）的质量保修办法作出了规定，明确规定房屋建筑工程在保修范围和保修期限内出现质量缺陷，施工单位应当履行保修义务。

建设单位和施工单位应当在工程质量保修书中约定保修范围、保修期限和保修责任等，且双方约定的保修范围、保修期限必须符合国家有关规定。

（1）质量保修范围。建筑工程的质量保修范围应当包括地基基础工程、主体结构工程、屋面防水工程、有防水要求的卫生间、房间和外墙面的防渗漏、供热与供冷系统、电气管线、给排水管道、设备安装和装修工程等，以及在《房屋建筑工程质量保修书》中约定的保修项目。下列情况不属于本办法规定的保修范围。

①因使用不当或者第三方造成的质量缺陷；

②不可抗力造成的质量缺陷。

（2）最低保修期限。在正常使用下，房屋建筑工程的最低保修期限为：

①地基基础工程和主体结构工程，为设计文件规定的该工程的合理

使用年限；

②屋面防水工程、有防水要求的卫生间、房间和外墙面的防渗漏，为5年；

③供热与供冷系统，为2个采暖期、供冷期；

④电气管线、给排水管道、设备安装为2年；

⑤装修工程为2年。其他项目的保修期限由建设单位和施工单位约定。房屋建筑工程保修期从工程竣工验收合格之日起计算。

（四）保修费用与经济责任划分

保修费用是指对建设工程在保修期限和保修范围内所发生的维修、返工等各项费用支出。保修费用按合同和有关规定合理确定和控制。保修费用的计算一般可参照建筑安装工程造价的确定程序和方法计算，也可以按照建筑工程造价或承包工程合同价的一定比例计算。目前，按建筑安装合同规定取3％～5％。

根据有关法律、行政法规和部门规章的规定，由不同原因造成的质量缺陷，应由责任方负责修理并承担经济责任。

（1）设计原因。因设计原因造成的工程质量缺陷，可由施工承包人进行修理，但设计人应承担经济责任，其费用可按合同约定，通过发包人向设计人索赔，不足部分由发包人补偿。

（2）施工原因。因施工承包人未严格按照国家现行施工及验收规范、工程质量验收标准、设计文件要求以及施工合同约定组织施工，造成工程质量缺陷，并由此导致的工程保修，应由施工承包人负责修理并承担经济责任。

（3）设备、材料、构配件原因。因设备、建筑材料、建筑构配件等质量不合格引起的质量缺陷，属于施工承包人采购的或经其验收认同的，由施工承包人承担经济责任。属于发包人采购的，或明示或暗示施工承包人使用造成工程质量缺陷的，或使用人竣工验收后自行改建造成的工程质量缺陷，应由发包人或使用人自行承担经济责任。施工承包人、发包人与设备、材料、构配件供应单位或部门之间的经济责任，按其设备、材料、构配件的采购供应合同处理。

（4）使用原因。建设工程竣工验收后，因发包人或使用人使用不当造成的损坏，应由发包人或使用人自行承担经济责任。

（5）不可抗力原因。因地震、洪水、台风等不可抗力造成的质量缺陷，施工单位和设计单位都不承担经济责任，由建设单位负责处理。

第二节　建筑工程项目总结

一、施工项目的总结

全部施工项目竣工后，应认真进行该施工项目的总结，其目的在于积累经验，吸取教训，以提高经营管理水平。总结的中心内容有工期、质量和成本三个方面。

（一）工期

主要根据施工项目合同和施工项目总进度计划，从以下七个方面对施工项目进行总结分析。

（1）将施工项目建设总工期、单位施工项目工期、分部施工项目工期和分项施工项目工期的计划工期同实际完成工期进行分析对比，并分析施工项目主要阶段的工期控制。

（2）检查施工项目方案是否先进、合理、经济，并有效地保证工期。

（3）分析检查施工项目的均衡施工情况、各分项施工项目的协作及各主要工种工序的搭接情况。

（4）劳动组织、工种结构和各种施工项目机械的配置是否合理、是否达到定额水平。

（5）各项技术措施和安全措施的实施情况，是否能满足施工需要。

（6）各种原材料、预制构件、仪器仪表、机具设备、各类管线加工订货的实际供应情况。

（7）新工艺、新技术、新结构、新材料和新设备的应用情况及效果评价。

（二）质量

质量方面的总结主要根据设计文件要求、设计说明以及《建筑工程施工质量验收统一标准》，从以下四个方面进行对比分析。

（1）按国家规定的标准，评定施工项目的质量等级。

（2）对隐蔽工程、主体结构、装修工程、暖卫工程、电气照明工程、通风工程和设备安装工程等进行质量评定分析。

（3）总结分析重大质量事故。

（4）明确各项施工项目质量保证措施的实施情况及施工项目质量责任制的执行情况。

（三）成本

总结施工项目成本应根据施工项目承包合同以及有关国家和企业成本的核算和管理办法，从以下四个方面进行对比分析。

（1）总收入和总支出的对比分析。

（2）计划成本和实际成本的对比分析。

（3）人工成本和劳动生产率，材料、物质耗用量和定额预算的对比分析。

（4）施工项目的机械利用率及其他各类费用的收支情况。

二、项目管理总结

在项目管理收尾阶段，项目设计管理机构应进行项目管理总结，编写项目管理总结报告。根据项目范围管理和组织实施方式不同，需分别采取不同的项目管理总结方式。项目总结报告应包含下列主要内容。

（1）项目可行性研究报告的执行总结。

（2）项目管理策划总结。

（3）项目合同管理总结。

（4）项目管理规划总结。

（5）项目设计管理总结。

（6）项目施工管理总结。

（7）项目管理目标执行情况。

（8）项目管理经验与教训。

（9）项目管理绩效与创新评价。

参考文献

[1]张彦鸽.建筑工程质量与安全管理[M].郑州:郑州大学出版社,2018.
[2]张瑞生.建筑工程质量与安全管理第3版[M].北京:中国建筑工业出版社,2018.
[3]孙猛,张少坤,冯泽龙.建筑工程质量检测与安全监督[M].沈阳:辽宁大学出版社,2018.
[4]周瑜,王晨光,宋卫晓.建筑工程质量与安全管理研究[M].延吉:延边大学出版社,2018.
[5]李新航,毛建光.建筑工程[M].北京:中国建材工业出版社,2018.
[6]王勇.建筑设备工程管理第3版[M].重庆:重庆大学出版社,2018.
[7]刘先春.建筑工程项目管理[M].武汉:华中科技大学出版社,2018.
[8]刘尊明,张永平,朱锋.建筑工程资料管理[M].北京:北京理工大学出版社,2018.
[9]王会恩,姬程飞,马文静.建筑工程项目管理[M].北京:北京工业大学出版社,2018.
[10]胡贤,武琳,罗毅.结构工程施工与安全管理[M].南昌:江西科学技术出版社,2018.
[11]李树芬.建筑工程施工组织设计[M].北京:机械工业出版社,2021.
[12]李解,秦良彬.建筑施工组织[M].成都:西南交通大学出版社,2021.
[13]嵇晓雷.建筑施工组织设计[M].北京:北京理工大学出版社,2020.
[14]苏健,陈昌平等.建筑施工技术[M].南京:东南大学出版社,2020.
[15]陈思杰,易书林.建筑施工技术与建筑设计研究[M].青岛:中国海洋大学出版社,2020.
[16]徐永迫,彭芳.建筑施工技术[M].武汉:中国地质大学出版社,2020.
[17]殷为民,高永辉.建筑工程质量与安全管理[M].哈尔滨:哈尔滨工程

大学出版社,2018.
[18]庞业涛,何培斌.建筑工程项目管理(第2版)[M].北京:北京理工大学出版社,2018.
[19]刘勤.建筑工程施工组织与管理[M].银川:阳光出版社,2018.
[20]辛艺峰.建筑室内环境设计[M].北京:机械工业出版社,2018.
[21]可淑玲,宋文学.建筑工程施工组织与管理[M].广州:华南理工大学出版社,2018.
[22]杨渝青.建筑工程管理与造价的 BIM 应用研究[M].长春:东北师范大学出版社,2018.
[23]钮鹏.装配式钢结构设计与施工[M].北京:清华大学出版社,2017.
[24]吴全成.建筑工程质量与安全生产管理 [M].北京:中国建材工业出版社,2020.
[25]吴烨玮,季林飞.建筑工程法规 [M].北京:北京理工大学出版社,2020.
[26]葛晶,夏凯,马志.建筑结构设计与工程造价[M].成都:电子科技大学出版社,2017.
[27]蒲娟,徐畅,刘雪敏.建筑工程施工与项目管理分析探索 [M].长春:吉林科学技术出版社,2020.
[28]王照雯,宋铁成,贺方倩.工程监理概论 [M].武汉:华中科学技术大学出版社,2020.
[29]郭中华,尤完.工程质量与安全生产管理导引 [M].北京:中国建筑工业出版社,2020.
[30]程鸿群,姬晓辉,陆菊春.工程造价管理[M].武汉:武汉大学出版社,2017.
[31]何俊,韩冬梅,陈文江.水利工程造价[M].武汉:华中科技大学出版社,2017.
[32]任彦华,董自才.工程造价管理[M].成都:西南交通大学出版社,2017.